身未动，心已远

做都市中的心灵旅者

江静流 / 著

中国华侨出版社

图书在版编目(CIP)数据

身未动,心已远:做都市中的心灵旅者 / 江静流著.
—北京:中国华侨出版社, 2013.4

ISBN 978-7-5113-3500-5

Ⅰ.①身… Ⅱ.①江… Ⅲ.①个人–修养–通俗读物
Ⅳ.①B825-49

中国版本图书馆 CIP 数据核字(2013)第072782 号

身未动,心已远:做都市中的心灵旅者

著　　者 /	江静流
责任编辑 /	文　喆
责任校对 /	孙　丽
插图摄影 /	于啸扬
经　　销 /	新华书店
开　　本 /	870×1280毫米　1/32 开　印张/8　字数/147 千字
印　　刷 /	北京建泰印刷有限公司
版　　次 /	2013 年 6 月第 1 版　2013 年 6 月第 1 次印刷
书　　号 /	ISBN 978-7-5113-3500-5
定　　价 /	28.00 元

中国华侨出版社　北京市朝阳区静安里 26 号通成达大厦 3 层　邮编:100028
法律顾问:陈鹰律师事务所
编辑部:(010)64443056　　64443979
发行部:(010)64443051　传真:(010)64439708
网址:www.oveaschin.com
E-mail:oveaschin@sina.com

前言
Preface

放眼我们的世界，那些美丽无比的风景，或繁花似锦，或骄阳如火，或如痴如醉……总有看不完的风景，让我们流连。生活在这个世界上，我们总是在渴望着一些美丽的东西，总是觉得世界上有很多美好在等待着我们去发现。

当我们的心被尘世迷住了，从此，我们便再也学不会忘记了。当我们拖着疲惫不堪的身子，日以继夜地工作，我们有没有想到过一种安适的日子？

这世上有许许多多美好，这一点，其实是我一直都相信的，我相信透过重重云霞似的雾霭，我们会看到一处无比圣洁的美丽。这处圣洁的美丽，就是我们最初的梦想。只是最初的梦想被我们的欲望遮盖住了，让我们很难看得清。

美在心灵之间，在我们的生命之中，放宽了心，世界会变得很大很大，这样广阔的一个天地，我们多么自在啊！是啊！我们确实是自在的，就如翩飞在花间的彩蝶，绚丽的色彩构成了世界的五彩缤纷。

我们的心灵深处是善良的，这是一种无比高贵的品质。我们的心灵是一件神奇的东西，这神奇之处大概就是其玄妙。我们的肉体是由物质构成的，我们的精神却是由梦，以及各种意识品质构成，这也更加体现出其神奇之处。

有人说宇宙是无止境的。我说，其实我们的心灵世界也是无限大的。在这样一个无比广阔的世界里，其实我们该是满足的，虽然总是觉得不够充实，但我们也都在努力着，追求着一种圆满。

到心灵世界去旅行，我相信那一定比我们去任何一座遥远的城市都更加满足，如果我们仅仅只是用脚步去旅行，那么我们一定会忽略许多东西。旅行其实是一种心态的调养，那是一种极其自然的放松方式。生活总是有看不完的风景，在我们的身边，其实处处都有美丽。一花一世界，仅仅是一些微不足道的小东西也是风景。旅行的意义其实是为了一个过程，这过程是需要我们用心灵来体会的。

在心灵世界里，我们都是有渴望的，渴望找到一种适合我们心灵的东西，这就是我们的精神追求了。我们该善于学习，善于总结生活，思考各种问题。在学习的过程之中，我们也应该保留自己思想的东西。这是一种十分重要的精神，一种潜力的培养。在这种潜力的带领下，让我们开始心灵的旅行吧。

目录
Contents

第①章　在旅途中品味人生

人生是一场旅行，在我们出生的时候就已经开始出发。

喧嚣繁华的世界，呈现给我们的有很多很多，取舍之间就要看我们自己的观念和想法。功名利禄都是身外之物，一场虚名而已。所以，在旅行中请不要为一场虚名而停下你前进的脚步，你能做的就是选择好自己的方向和目标，朝着你美好的愿望迅速前进。

功名利禄换不来幸福

著名小说《飘》的作者玛格丽特·米切尔说过这样一句话："一直要到你失去了名誉以后，你才会知道这玩意儿有多累赘，而真正的自由又是什么。"盛名之下，是一颗活得很累的心，因为它只是在为别人而活着。人们常羡慕那些名人的风光，可是否了解他们的苦衷呢？希望我们可以为自己活着，因为为自己活着的生活才更有意义。

功名利禄埋葬了多少幸福快乐

人生在世，有人注重功名，有人注重利禄，古往今来无数豪杰志士在功名利禄面前折了腰。只是，最终一切都会成空，随着死亡烟消云散。欲壑难填，永不满足，很多人殚精竭虑，永远不得喘息，直到在功名利禄这一条路上越行越远，失去了生命中很多美好的东西，到那时，想回头时已太难。

快乐或幸福和名利二字并没多大的关系，然而追求名利所付出的代价和备尝的痛苦，远比得到的快乐要大得多，并且是短暂易失的。

现代社会，一定的物质财富可以为我们带来物质上的满足，可以为幸福美好的生活奠定良好的物质基础。但是，倘若将功名利禄作为人生的唯一目标，作为衡量事情的唯一标准，那么必将走向一个极端，必然会成为功名利禄的奴隶。

人不能将财富带进坟墓，但是财富却会把人带进坟墓。我们应该树立正确的人生观、价值观，做到君子爱财，取之有道。同时更应该具有超越现实的能力，毕竟生活得快乐、幸福与否并不取决于一个人拥有多少财富。平淡、简单、朴实的生活一样可以唱出生命的凯歌，一样可以幸福快乐。

亚历山大大帝是马其顿国王腓力二世之子。年少时拜哲学家亚里士多德为师。亚历山大即位后，开始镇压希腊各城邦的反马其顿运动，并大举侵略东方。

亚历山大大帝的一生，是以征服为荣的一生，可是在他占领了近半个地球的土地以后，开始为找不到对手而寂寞落泪，从此郁郁寡欢，在32岁的时候病入膏肓，无论什么样的治疗方式都无法挽救他年轻的生命。他静静地躺着，没有人知道他在想什么，当他得知自己的生命将要走到尽头的时候，竟显得出奇的平静，这时候的亚历山大大帝，再也不是那个不可一世的征服者。

就在他奄奄一息之时，布置了自己的后事，他吩咐下属说：

"我死以后，请你们在我的棺材上挖两个洞，把我的双手放在棺材外面，然后再抬我走过街市。"

下属们都很疑惑，说："为什么要这样做呢，从来没有人这样做过，也没听说有这样的事。"

亚历山大大帝以命令的口气说："但你们一定要这样做！"下属小心翼翼地问道："能否让我们知道为什么要这样做？"

亚历山大大帝用尽最后的力气说出了让世人震惊的话语："我要让人们看看拥有无限财富的亚历山大大帝死后的双手，让人们知道我也是两手空空离开世界的。人两手空空来到世界，必将两手空空离开世界，带不走任何的身外之物。我要让人们看到，亚历山大大帝活着的时候似乎很风光，但他死的时候却是一个全然的失败！我要让人们记住我的教训，莫让宝贵的生命消失得太快。"

想要活得潇洒自在，想要过得幸福快乐，我们必须做到：学会淡泊名利，位高不自傲，位低不自卑，欣然享受清心自在的美好时光。追逐名利如果能够顺其自然，不牵挂于心，人生将会有更多的快乐。

心中风平浪静，满眼青山绿树

你幸福吗？

现实的社会中，生存压力往往将人们美好的憧憬和梦想碾得支离破碎。我们常常因羡慕他人的财富而焦虑，又在焦虑中不断埋怨自己的生活，从而失去了内心的平静，于是人性的弱点随着日益浮躁的心态而放大。幸福的标准开始变得功利，患得患失的心态让我们难以感受幸福。幸福只能在内心找到，对那些我们无法掌控的事情不要理睬，才能获得幸福。假如我们的头脑充满了无边无际的恐惧与野心，就不可能拥有一颗轻松自在的心。

好的东西，究其实质，只会在你能控制的事物之中找到，不要与你不可控制的事物对着干。如果你把这一点谨记在心，就不会再有那些虚幻的忌妒或悲惨的感觉，也不会可怜巴巴地拿自己及自己的成就去和别人比较了。

有一只青蛙拥有一口井，早上的时候，青蛙会悠闲地在井外的草地上四处散步；中午的时候，它会跳进水中，井水会托着它的双鳃，钻进水里，泥巴便按摩它的脚；晚上的时候，青蛙跳出来，安静地坐在井边看月亮。它非常喜欢到井里观看小蝌蚪、小螃蟹在水中嬉戏，并与它们聊天。但由于经常被嘲笑是井底之蛙，所以它并不快乐。

一天，它遇到一只千年的乌龟，乌龟告诉它东海有多大，鱼儿在东海里面是如何快乐地畅游。于是青蛙决定离开它的井，前往东海。它翻山越岭，荆棘刺伤它的身体，石块刮伤它的手掌，炙热的阳光灼伤它的皮肤，饥饿时要吃草根充饥，经过不断地日晒、雨淋，春夏秋冬，它终于到了东海。

青蛙雀跃地跳进大海中，可是海水的盐分却弄伤了它。鱼儿便告诉青蛙，你并不适合生活在大海里的，应该去湖泊。

青蛙听了后很沮丧，却心有不甘，它继续寻找着适合自己生活的大空间，终于有一天，青蛙到达了西湖。青蛙雀跃地跳进水中游啊游啊，游了一段时间后累了，它想找一个休息的地方，却发现找不到站立的地方，它只能漂在湖里。这时，青蛙碰见了上次遇见的千年乌龟，它问乌龟，你为什么不在大海里，反而到西湖了呢。

乌龟说："我并不适合生活在大海里，西湖宁静的环境才适合我。"

青蛙似乎明白了，游回岸上，继续前行。经过一段日子，青蛙终于回到它的井边，它雀跃地跳进去，满足地坐在井中观望蔚蓝的天空。

我们没法选择自己的出生，但是可以选择自己想要的生活。

我们要相信上天赐予我们的都是一样的。保持一颗平静的内心，清楚地了解自己的性格、爱好和处境，进而选择合适的目标和道路，不要被虚妄的念头或潮流所挟裹。找到适合自己的，才会拥有幸福。

让灵魂与身体同行

在墨西哥，有一批学者要到高山顶上印加人的城市去，他们雇了一帮挑夫运送行李。

在行进的过程中，这帮挑夫突然坐下来不走了，学者们非常着急，可不管怎么催促挑夫也没有效果，并且挑夫们一坐就是几个小时。

挑夫的首领告诉学者们："人要是走得太快了，就会把灵魂丢在了后面。每当我们急行了三天，就一定要停下来，等等灵魂。"

丢掉了灵魂的身体是一副空皮囊

人们为了更好地生活，为了更大限度地实现自身价值，努力地奔跑，甚至玩命地拼搏。结果，很多人成了与时间赛跑、与命运决斗的机器。从而忘记了休闲，并开始怀念年幼时的悠闲时光。很多人感慨，再也回不去了，其实，想再次体悟当年的悠闲时光很简单，停下工作，一个人背着行囊，去一个安静的地方旅行1个星期，你会发现，在此之后的3个月至6个月的时间里，你会一直处于一种清新、奋进、悠闲的时光里。

丢失了灵魂，就等于丢失了自我。一个没有灵魂的人只是一副按着固定方式行走的皮囊，快步行走时适当地停歇，停下来等一下自己的灵魂，不要把自己的灵魂丢弃了。

《菜根谭》里说："忧勤是美德，太苦则无以适性怡情。"这句话实质上和墨西哥土著所谓的"灵魂丢失"说有着异曲同工之妙。意思是说，尽心尽力去做事是一种很好的美德，但是若没完没了地去做事，就会失去愉快的心情和爽朗的精神。

这是一个充满太多诱惑的社会和充满太多陷阱的社会，这些欲望令我们迷失自己，也正是这些欲望的驱使，令很多人抛弃了灵魂，抛开一切道德，昧着良心去做一些事情。

很多刚进入社会的年轻人，由于他们是脆弱的、单纯的，很难经受住各种诱惑，要做到洁身自爱是件很不容易的事情，想要摆脱世俗也就更难了。而这正是显现一个人定力如何的时候了。那么，面对那么多的诱惑你会做出什么样的选择？是拒绝还是欣然接受？是洁身自爱还是自甘堕落？灯红酒绿的都市生活你有没有习惯？尔虞我诈的人际交往你是否已经开始厌倦了？

爱慕金钱导致人们的手伸向罪恶，有些人不惜违法犯罪，有些人出卖朋友；追逐名利的人为了有更好的前途抛开道德的底线，唯利是图；贪图美色之人完全视伦理道德为泡影，并最终掉入美色的陷阱里……

面对这么多的诱惑时，最简单的方法就是控制自己的欲望，强大内心，让他人无机可趁。

背对黑暗，面向光明

心态是对你敞开着的双向门，你可以打开通往成功之路的那一扇，也可以打开通往失败的那一扇，关键在于你用什么样的心态去面对。

光明、希望、愉快、幸福……这是人生的正面；黑暗、绝望、不幸、忧愁……这是人生的背面。那么，你会选择哪一面呢？

女工程师与女普工的故事

女工程师下岗了！这是全厂最轰动的新闻，人们纷纷议论着、嘀咕着。女工程师对人生的这一变化手足无措并因此心怀怨恨。她也愤怒过、吵骂过，但都无济于事。因为下岗人员的数目还在不断增加，尽管如此，她还是无法得到平衡，她觉得下岗是一件非常丢人的事。

她整天待在家里，不愿出门也不想见人，更没想过怎样开始自己新的生活。由于她本来就血压高，身体不好，再加上这半年来郁闷地把自己关在家里不敢见人，身体一天比一天差，半年后，被查出患有肝癌。

同一批下岗人员中的一名普通女工，因为薪资低，工作性质普通，所以她同样以一颗平常心对待这次下岗。她想别人既然没有工作还能生活下去，那么自己也能生活下去，于是她还萌生了一个信念——一定要比以前活得更好！

她对烹调非常内行，就这样，在亲戚朋友的支持下，她开起了一家小小的火锅店。因为她发挥了自己的长处，她经营的火锅店生意非常红火，在短短的一年时间里，她就还清了开火锅店的欠款。现如今她的火锅店的规模已扩大了几倍，成了当地小有名气的餐馆。

无论做什么，只要你放好心态，心态就会被灵魂牵引着往积极的方向去。

率性而活，活出自我本色

我们活着的目的是什么？是得到别人的认可，还是创造一些成就？倘若只为得到世人认可而活，我们也未免活得太累了。其实我们也没伟大到受到世人认可关注的程度，所以我们应该为自己而活，发现和创造自己美好快乐的生活，这才是我们真正的价值。

那些提倡按他人的标准生活，为取得他人的认可而活，使人们追求所谓社会价值的实现，可以说是整个社会文化模式所塑造出来的人生价值观。这种价值观使很多的人放弃自己人生的快乐，而去追求他人的认可，成为他人态度和脸色的奴隶，被无关紧要之人的行为所控制。

他人或社会的标准是千奇百怪的，你满足了这种标准，就不能满足另外一些标准，就是你得到了这部分人的认可，就会失去另一部分人的认可。事实上一个人不可能满足周围所有人的要求。

《中庸》语："率性之谓道"，这句话是顺着"天命之谓性"而来的。所谓"率性"是指天所命于人之性，使人对日常事物都可以合乎当然的规范。人只要能遵循天所赋予人的人性，也就能够合乎自然之理，这是人在现实的社会生活中应该选择的道路。

当一个人率性而为的时候，他就会从实质上去理解别人，尊重别人，而不是简单地去按照别人的标准去做一些事情，也不是简单地让别人按照自己认可的标准去做。就像太阳照亮了地球，不是因为它想要照亮地球，而是因为它本身的力量。

伊笛丝·阿雷德太太从小就特别敏感且腼腆，她的身体一直太胖。伊笛丝有一个非常奇怪的母亲，她的母亲认为把衣服弄得漂亮是一件很愚蠢的事情。她总是对伊笛丝说："宽大的衣服好穿，窄小随身的衣服易破。"母亲也总是以这句话来为伊笛丝置办衣服。所以，伊笛丝从来不和其他的小朋友一起做室外活动，甚至连体育课都不会去上。她非常害羞，觉得自己和其他的人都"不一样"，完全不讨人喜欢。

若干年后，伊笛丝嫁给一个比她大好几岁的男人，可是她并没有改变。她丈夫一家人都很好，也充满了自信。伊笛丝很努力地想像他们一样，他们也为了使伊笛丝开朗做了很多事情，结果伊笛丝还是退缩到她的壳里去。她开始变得紧张不安，躲开了所有的朋友，她甚至怕听到门铃响。伊笛丝知道自己是一个失败者，可是又怕她的丈夫会发现这一点，所以每次他们夫妻出现在公共场合的时候，她都会假装很开心的样子，最后，她觉得这样活着也没什么意思，于是想到自杀。

后来，只是一句随口说出的话改变了她的命运，使她完全变成了另外一个人。

一天，她的婆婆正在谈她怎么教养她的几个孩子，她的婆婆说："不管事情怎么样，我总会要求他们保持率性。"

"保持率性！"就是这句话，在那一刻，伊笛丝终于发现自己之所以那么苦恼，就是因为她一直在试着让自己适合于一个并不适合自己的模式。

后来她回忆道："在一夜之间我完全改变了。我开始保持率性，我开始试着研究我自己的个性，自己的优点，尽我的最大努力去学色彩和服饰知识，尽量以适合我的方式去穿衣服。主动地去交朋友，我参加了一个社团组织——起先是一个很小的社团——他们让我参加活动，把我吓坏了。可是我在台上的每一次发言，就会增加一点勇气。今天我所有的快乐，是我从来没有想到可能得到的。在教养我自己的孩子时，我也总是把我从痛苦的经验中所学到的结果教给他们：不管事情怎么样，总要保持率性。"

《易经》中说："安其心而后动，易其心而后语，定其交而后求。"宇宙之大，我们是否以宇宙为空间，在自己的支点上站得住。以一种宁静的心态去面对纷呈的生活，以一颗平常的心去对待不平常的事情，以安静的心态对待嘈杂的世界，以平和的心境处理世态的炎凉。

率性而为不是自暴自弃，享乐现在，而是充分利用时间，去学习，去提高，去休息，去娱乐，去享受不管是数字、文字，还是音乐、画作，抑或是图像、友情带给我们的各种快乐。

率性而为，不是放任自己的过失，而是面对过失要勇于面对过去，面对失败，无视那些失败带来的自卑感，以自己最强的自信心迎接未来的挑战。

率性而为，不是一味地向往美好未来，而是做好迎接未来的一切准备。

率性而为，也不是安于天命，不求上进，而是刻苦用功，不畏困难，对不理解的目光无视，以自己最大的能力奋发向上。

率性而为，更不是肆意妄为，不是懒惰无为，而是向着自己的理想，努力拼搏，对那些挫折、困苦、失败要做到无视，以自己最大的努力向理想前进。

不要放弃心灵之旅

开始的方法有很多种，可以在洪水猛兽中坚持自我，可以在平凡中修炼身心，但不论是偶然的还是必然的，都不要轻言放弃。有坚定的信念，才可以越过艰难险阻，到达胜利的彼岸。

人生是一条连绵不断的情缘，哪怕是偶然也最终会连接成必然，所以不管是怎样的开始，坚持就可能胜利，不坚持连机会都没有。

你可以随时开始，但不要轻言放弃

有这样一个流传已久的希腊故事：同村的鲁尔和克尔威逊，互相打赌看谁走得离家最远，于是同时却不同路地骑着马出发了。鲁尔走了13天之后，心想"我还是停下来吧，因为我已经走了很远了，克尔威逊肯定没有我走得远"。于是，他休息了几天就开始返回家，重新开始了他的农耕生活。而克尔威逊一走就走了7年，村民们都以为这个傻瓜为了一场没有必要的打赌而丢了性命。一天，一群浩浩荡荡的大军向村里开来。当队伍临近时，突然有一人惊喜地叫道："那不是克尔威逊吗？"

消失了 7 年的克尔威逊已经成了军中统帅。他下马后，向村里人致意，然后说："鲁尔呢？我要谢谢他，就是因为 7 年前的打赌让我拥有了今天。"

鲁尔羞愧地说："祝贺你，好伙伴，我至今还是农夫。"

因为打赌而离开村庄，这是一个很偶然的开始。但是克尔威逊却在这种偶然中成就了自己的人生，成为了将军。他是那种一旦开始就不会结束的人，而鲁尔却只是把这一次远行当作了"远足"，所以他一辈子只能在村庄里当农夫。

偶然的开始，却因为不停止的信念，而抵达了成功的彼岸。人生可以随时开始，但不要轻易结束。我们的人生何尝不是这样呢？

走过更远的路，看到更多的风景

你有订计划的习惯吗？你规划过自己的人生吗？很多人都会记下每天要做的事情、每周要完成的任务，但是从没有想过太久远的事情。人们顺从命运的安排，走一步算一步，然而就是现在的这种想法造就了很多人今生"走一步看一步"的命运。

梦想的确很遥远，正因为远才称之为梦想，但是梦想是可以接近的，即便它远在天边，如果你坚持不懈地一步一步走，一定会达到目的地。一位著名作家说："最后成功的人往往都不是最强的人，而是坚持到最后的人。"是的，只有坚持下去，才能积少成多，才能让梦想从一粟变成整片的稻田。

可是很多时候，太过遥远的路标或梦想总是让我们感到绝望和疲惫，好像永远也到不了似的，这个时候，你就需要把自己的道路分段，给每一段都取上你喜欢的名字，分阶段一步一步地走下去。

郑智斌在1993年进入浙地珠宝，当时每月工资才200多元，每天晚餐只能吃两元一碗的面条或炒饭。但是他坚持每天第一个到公司上班，中午其他员工休息时，他都在默默干活。正是因为这样，他不但学到了过硬的技术，也赢得了公司的信任。1997年，公司推荐郑智斌到萧山一家大型珠宝零售商行工作，年收入在4万元以上。两年后，他又承包了商行的售后服务部，随之收入也增加了一倍多。

如此稳定的工作，丰厚的收入，郑智斌却在2002年毅然辞去了工作。为了创业，他经常每天只睡四五个小时，第一年下来还是亏掉一笔钱。在亲朋好友的帮助下，郑智斌又筹集资金，把珠宝店铺移到黄金地段，还花高价请专业人士对员工进行培训，直到策划品牌营销、广告宣传。郑智斌通过对经营理念和内部管理的不断创新，使事业逐步走上了正轨。从一间店铺开到两间、三间、四间……他的生意越来越红火。

2005 年，郑智斌把珠宝店开到了衢州。2006 年，他被授予了"首届衢州市优秀中国特色社会主义建设者"称号。现如今，他正与外地客商进行合作，以加盟连锁的方式进一步把自己的事业做大做强。

其实，对于很多人来说，我们都有过一个美好的"登天"之梦，但真正把梦做成现实的，还是那些苦下决心，一步一个脚印的人。

有人问，为什么要走向山巅，为什么要走向远方？生活在自己的小天地也是很好啊？其实这样的人生选择也很好，只是会错过太多的风景，会留下很多的空白。王安石说："夫夷以近，则游者众；险以远，则至者少。"容易攀登的地方，你易他也易，自是人多；而陡峭艰涩之处，到的人就少得多了。于是那高绝之处的奇伟瑰丽，非常之观也自是只有这极少的人才可以看到的。

在人生漫长的征途上，无数的风景需要我们去欣赏，无数的山头，等待你的登攀；太多的道路，等待你的脚步。为了那远在天边，高在山巅的目标，我们要把潜伏在内心深处的潜力、动力、战斗力，全部挖掘出来，以坚持不懈的勤奋，勇于挑战的魄力，必胜的信念，一定会取得成功。待到功成名就之时，你才能感受到走遍天涯海角的喜悦和安慰。还记得汪国真的《山高水长》吗?

呼喊是爆发的沉默

沉默是无声的召唤

不是激越

不是宁静

我祈求

只要不是平淡

如果远方呼喊我

我就走向远方

如果大山召唤我

我就走向大山

双脚磨破

干脆再让夕阳涂抹小路

双手划烂

索性就让荆棘变成杜鹃

没有比脚更长的路

没有比人更高的山

诱惑如刀，刀刀噬心

在物欲横流的时代，人人都会面对众多的诱惑，稍有不慎就会一失足成千古恨，所以面对诱惑，我们太需要坚守了，坚守我们的理想，坚守我们的信念，坚守我们的人生。哪怕无人喝彩，我们也要学会"坚守底线"，如莲花出淤泥而不染，如银竹高风亮节，即使漫漫长路一个人走，也不会迷失自我，稳坐磐石。

坚守需要我们遇事顶得住，不要动摇，不要风一来自己就被吹倒了，失去了自己独立的个性和品格，失去了自己的思考。坚持和坚守是长期的，甚至可以是一生的坚持，一生的坚守。

坚守自己心灵阵地的时候，孤独与寂寞是必不可少的，这就需要我们在坚守的时候要耐得住寂寞，忍受得了孤独。很多的时候坚守是自己一个人的坚持，只有孤独和寂寞陪伴你。

理想和财富之间到底有什么关系

1960 年，美国一个跟踪调查商学院毕业生毕业后自愿组织开始了一项为期长达 20 年的调查，试图找到下面这个问题的答案：

理想和财富之间的关系到底是什么？追求理想的人就不容易得到财富的青睐吗？

首先，研究人员对1500名商学院学生进行了细致的问卷调查，并根据问卷结果把这些人分为两类，其中倾向于追求财富、为财富而读书的人占大多数（1245人，83%），倾向于追求理想、为理想而读书的人所占比例较小（255人，17%）。

20年过去了，研究人员对当年这1500名被调查者进行了回访。结果，研究人员发现，这1500名被调查者中竟然有101人成为百万富翁，关键就在这里，令人难以相信的是在这101人中，竟有100人是当年选择追求理想的人。

学习总是很辛苦的，工作也常常是枯燥的。但深藏于每个人心灵深处的理想主义，会成为精神的源泉，在现实的纷扰中，不但可以泰然处之，而且当面对挫折时，也可以帮助你找到自己，重整装备，继续出发。

和孤独做伴，与寂寞为伍

曼恩是佛得角雷斯伊翰湾的守塔人，他已经在这个偏僻的孤岛上生活了将近40年的时间。在他还是二十多岁的小伙子时，就随他捕鱼的伯父来到了这座孤岛。

曼恩和伯父白天捕鱼，晚上点起篝火，篝火为辽阔的大西洋岸点燃了一座灯塔。曼恩已记不清楚他和伯父在暴雨的夜里或是在飓风季节里救起过多少人。那些被救起的人后来路过孤岛，总会给曼恩叔侄俩捎上点什么，但每次他们都拒绝了。叔侄俩在雷斯伊翰湾不知不觉过了 20 年。20 年后，曼恩的伯父去世了，雷斯伊翰湾少了一个人，多添了一座坟墓，在曼恩看来，伯父仍陪伴着他。

曼恩依旧白天捕鱼，唯一改变的是，晚上雷斯伊翰湾的灯塔不再用篝火了，改用风力发电机了。雷斯伊翰湾的 10 月是海难事故频发的季节，他的小屋外已是惊涛骇浪，他一遍遍检查，给风力发电机的轴承还加了润滑油。他走出小屋，像伯父一样敏锐地眺望大海。海面上黑压压一片，浪头拍打着礁石，发出一声声巨响。

突然，他发现远处的海面上有一点亮光，这光亮很微弱。他立刻意识到什么，迅速爬上灯塔，将灯塔里的灯又垫高了很多，并在废弃的火坑里又点燃了篝火。远处的亮点越来越大，渐渐驶向了曼恩居住的孤岛，等亮点到近处时，曼恩才发现灯火是从一艘挪威籍的货轮上发出的。

天亮了，船长约翰带领船员在雷斯伊翰湾作短暂的停留，并打算给岛上的工作人员送去几吨食品。可当船长走进岛上曼恩的屋子时，才发现曼恩的屋子还抵不上他船上的一个集装箱大。

"我要带你离开这里。"船长对曼恩说。

"为什么?"曼恩问。

"不为什么,我至少能给你每月带来 2500 美元的薪金。"船长继续说。

"10 年前,一位像你一样的船长曾答应给我每月 3000 美元的薪金。"曼恩平静地说。

临行的时候,船长紧紧拥抱了曼恩。

曼恩守在偏僻的孤岛上,一待就是近 40 年。40 年,1 万余个日日夜夜,他坚持了下来,而且工作一丝不苟。守塔人不仅点燃了灯塔上的火炬,而且点燃了自己内心的火把,而曼恩甘于寂寞的精神也是一座灯塔。

第❷章　让心灵做你的导游

人生是一场旅行，在旅行的时候要调整好你的状态，学会规划好你的行程，不要放任自流。

人生路漫长，我们面对太多的诱惑，随之我们的欲望也就会越来越多，只有规划好自己的旅程才不会被外界的事物迷惑了眼睛。

多规划者少走弯路

每天，我们都会遇到对自己的处境不满意的人，在这些人中，98%的人都对自己心目中喜欢的世界没有一套清晰的构图，结果，他们继续生活在一个无意改变并且模糊的世界里。

为了成功并实现自己的梦想，首先，我们要确立长期的人生目标，然后把这个长期目标分成一个个短期计划。这些短期目标如同人生旅途中的一个一个景点，这些景点连在一起就是我们旅程的全部。

有目标才有方向，有方向才能出发

一位医生对活到百岁以上老人的共同特点作过很多的研究。他叫听众思考一下这些人长寿的共同因素，大多数人以为这位医生会列举食物、运动、节制烟酒以及其他会影响健康的东西。然而，令听众惊讶的是，医生告诉听众，这些寿星在饮食和运动方面根本没有什么共同特点。只是这些长寿老人的共同特点是对待未来的态度——他们都有自己的人生目标。

我们每一个人的梦想往往都是建筑在周围环境之上的，所以我们的理想没有什么理由可以不能成真。我们不能给自己的失败留下任何一个存在的空间。

法国曾经有一位十分贫穷的年轻人，在经过十年的艰苦奋斗之后，最后他终于成了媒体大亨，跻身于法国50名富翁之列。1998年在他去世的时候，他将自己的遗嘱刊登在当地报纸上，说：我也曾是穷人，知道"穷人最缺少的是什么"的人，就能够得到100万法郎的奖赏。为了这个答案，曾有两万人争先恐后地寄来了自己的答案。答案五花八门说什么的都有。相当一部分的人认为，穷人最缺少的是机会、技能，穷人最缺少的就是财富……但是最后没有一个人答对。一年后，他的律师公开了答案："穷人最缺少的，是成为富人的雄心！"这个答案几乎所有的富人都给予认可，这个谜底震动了欧美，他说出了自己之所以能够成为富人的关键所在。

梦想需要细心地滋养，可是在现实中，有许多人任凭生活夺走自己的梦想。这个掠夺的化身可能是你的同事、你的朋友甚至是你的亲人。不要让别人替你作决定，要相信自己，给梦想一个机会，不要让他人毁了你自己的梦想。

如果有人打击你，请不要沮丧，成功的道路是不平坦的。当你越靠近成功，困难就会越大。

每天进步一点点，有计划地进步

我们的生活太沉重了，身心经常会有疲惫之感。也许常会发出这样的感叹："唉，我的出路在何方呀？""我都熬到这样的年龄了，怎么还是没有希望。"要知道，一味地叹息是没有用的，唯有挺着腰杆寻找出路才可能有最大的希望。

很多人觉得人生太迷茫，归根结底主要是没有远大的志向和为之奋斗的明确目标。人生需要立志，古人对"志"的解释，是认为"心之所指曰志"，也就是指人的思想发展趋向。当代汉语对"志向"给出的解释是："未来的理想以及实现这一理想的决心。"理解了"志"的含义后，我们对"立志"的含义就很好理解了。立志，就是立下未来的人生理想。

在我们的一生中，除了年幼无知的童年时期外，其他每个不同的成长发展阶段都与立志有很大的关系。简言之，青年求学阶段，是人生志向的确立时期；中年工作阶段，是人生志向的实现时期；老年休息阶段，是对人生志向的回顾与检查时期。

一个没有目标的人就像一艘没有舵的船，永远漂流不定，只会到达失望、失败和丧气的岸边。鲜花和荣誉从来不会降临到那些无头苍蝇一样在人生之旅中四处碰壁的人头上。有明确目标的人，会感到自己心里很踏实，生活得很充实，注意力也会神奇地集中起来，不再被许多繁杂的事所干扰，做什么事都显得胸有成竹。

有很多的人都期待走上社会经济的舞台，并成长为影响一方的主角。可是你对自己现在的工作、生活、学习状况感到满意吗？你有没有更大的追求目标与梦想呢？你是不是觉得信心也有，可是就是感觉没集中性的时间给自己充电学习，有时候因为这个而心生焦躁。为了不打击自己的信心，那就试试"每天进步一点点"的理念吧。每天进步一点点，虽然没有冲天的气魄，也没有什么诱惑力，更没有展示决心的气势。但细细琢磨一下：每天，进步，一点点，那简直是在默默地创造一个料想不到的奇迹。每天走路比昨天精神一点点；每天笑容比昨天多一点点；每天行动比昨天多一点点；每天方法比昨天多想一点点……一个人，如果每天都能进步一点点，哪怕是 1% 的进步，试想，有什么能阻挡得了他最终达到成功？

每天进步一点点，它具有无穷的威力，只是需要我们有足够的耐力。因为成功就是简单的事情得重复着去做。每天进步一点点是简单的，之所以有人不成功，不是因为这个人做不到，而是他不愿意做这些简单而重复的事情。因为越简单，越容易的事情，人们也越容易忽视而不去做它。

找到属于每个人的舞台

人生是一场旅行，只有找准自己的位置，才会运筹帷幄，决胜千里。有人说垃圾是放错了地方的宝贝，那么反过来宝贝放错了地方也会变成垃圾。我们的人生倘若找错了位置也就很难发挥出自己的才能。人生的舞台不同，我们要找到最适合自己发展的舞台，这样才可以实现自己的人生理想。

兴趣是最适合自己发展的舞台，人们的兴趣表现为对某件事、某项活动的选择性态度和积极的情绪反应。一个对事情充满兴趣之人，才能成功地完成事情，这就是为什么人们常说"兴趣是成功的第一动力"。

兴趣是工作的第一推动力

一个人如果所从事的工作与其职业兴趣相吻合的话，就可以发挥其全部才能的 70%~80%，并能长时间地保持高效率地工作而不会疲劳；相反，则只能发挥全部才能的 20%~30%，还容易感到厌倦和疲劳。由此看来，职业兴趣影响人在相应职业中的工作绩效。

坐在姐姐的果园里，牛顿听到熟悉的声音，"咚"的一声，一个苹果落到草地上。他急忙转头观察第二个苹果落地。第二个苹果从外伸的树枝上落下，在地上反弹了一下，静静地躺在草地上。这个苹果肯定不是牛顿见到的第一个落地的苹果，当然第二个和第一个没有什么差别。苹果落地虽没有给牛顿提供答案，但却激发这位年轻的科学家思考一个新问题：苹果会落地，而月球却不会掉落到地球上，苹果和月亮之间存在什么不同呢？

第二天早晨，天气晴朗，牛顿看见小外甥正在玩小球。他手上拴着一条皮筋，皮筋的另一端系着小球。他先慢慢地摇摆小球，然后越来越快，最后小球就径直抛出。

牛顿猛地意识到月球和小球的运动极为相像。两种力量作用于小球，这两种力量是向外的推动力和皮筋的拉力。同样，也有两种力量作用于月球，即月球运行的推动力和重力的拉力。正是在重力作用下，苹果才会落地。

牛顿首次认为，重力不仅仅是行星和恒星之间的作用力，有可能是普遍存在的吸引力。他深信炼金术，认为物质之间相互吸引，这使他断言，相互吸引力不但适用于硕大的天体之间，而且适用于各种体积的物体之间。苹果落地、雨滴降落和行星沿着轨道围绕太阳运行都是重力作用的结果。

　　人们普遍认为，适用于地球的自然定律与太空中的定律大相径庭。牛顿的万有引力定律沉重打击了这一观点，它告诉人们，支配自然和宇宙的法则是很简单的。

　　正是这个对吸引力的浓厚兴趣使得牛顿推动了引力定律的发展，指出万有引力不仅仅是星体的特征，也是所有物体的特征。作为所有最重要的科学定律之一，万有引力定律及其数学公式已成为整个物理学的基石。

　　兴趣使人在从事各种实践活动的时候，具有高度的自觉性和积极性。个人根据兴趣选择某种职业，兴趣就会变成个人积极性，促使一个人在职业生活中做出成就；相反，如果你对所从事的职业不感兴趣，就会影响你积极性的发挥，难以从职业生活中得到心理上的满足，不利于工作上的成就。

找到属于你的最佳位置

　　鸟儿翱翔在天空，天空是它们的位置；猛兽出没于山林，山林是它们的位置；骏马奔驰在原野，原野是它们的位置；鱼儿潜游在清溪，清溪是它们的位置。你有你的最佳位置，我有我的最佳位置，我们各有自己的位置。

拥有了位置也要有相符的能力。珠穆朗玛峰在攀登者心中的形象并不是因为它的位置，而是因为它的高度；一块石头在金子的位置上仍然还是石头，如果是金子，放在哪里，哪里就是金子的位置。卓越的人，总是位置选择他；平庸的人，才东张西望地选择位置。

社会是个舞台，而我们往往分不清我们到底是演员还是观众。倘若在演员的位置上，我们就要学会表演；倘若在观众的位置上，就要学会欣赏。

王晓下岗了，为了生计，不得不四处奔波。看着周围的人，炒股、做生意、开出租，个个都能赚钱，王晓也就动了这方面的心思——那就去开出租吧。但是，到目前为止他连汽车都没摸过，更别说驾驶证了。

后来通过托亲戚，找朋友，王晓终于在一家酒店上班了。虽然工作不是很累，但总觉得没什么前途，没什么意思。后来辞职回家，王晓开始调整自己的思路，自己以前不是在报刊上发表了不少文章吗？为什么不把它们复印下来，装订成册呢？也许靠这些资本，可以找一个不错的工作。

在省城，王晓几乎跑遍了所有招聘会，专门找一些需要文字工作的岗位应聘，结果单薄的高中文凭和已不再年轻的年龄让王晓失望到极点。那些日子里，王晓每天做的事，就是买报纸看招聘广告，赶场—应聘—投放简历，然后在一些含糊的答复中等待招聘单位的消息。

一天，王晓终于等到了一家文化单位面试的电话通知。那一刻，王晓的心里五味杂陈，什么滋味都有。王晓精心准备了面试可能要回答的问题，直到凌晨三点才进入梦乡。

天道酬勤，功夫不负有心人，王晓十几年的工作经验，还有那些剪辑的文章帮了王晓的忙。这次没有太多的波折，王晓从二十余名应聘者中脱颖而出，成了一名内刊编辑。按招聘单位负责人的话来说，他们想找的是一名稳重并且可以投入工作进入角色的编辑，而不是华丽的文凭外衣。

经过几年的奔波，王晓终于找到了最适合自己的位置。一年来，王晓一边工作，一边努力学习编辑的业务技能和刊物的行业知识，负责编辑的文章没有出现过一次差错，有一篇还获得了省期刊年度好编辑奖。

生活中，能够摆正自己的位置很难，能够调整好自己的心态走好自己的路更难。如果我们认定我们自己的位置，那么周围的一切就会以我们为中心；如果我们惶惶不可终日，始终感到没有一个合适的位置，那么周围的一切就会变成我们的主人，我们得跑前跑后地去伺候着，我们得忽左忽右地奉承着，我们得上蹿下跳地迎合着，我们得内揣外度地恭维着。

　　其实位置本身并没有好坏，有好坏之分的是我们的心境和感觉。人生的位置如同在影剧院观看演出，不同的位置向着同一个方向排列着，一批人来了，一批人走了，又有一批人来了。台上，一直在演着不同的故事和风景。

让信念带着心灵旅行

人生是一场旅行，在人生路上，你想要走多远，要问自己的脚愿意走多远。在行走中、疲乏中，更要有坚定的信念，这样才可以到达你想要去的地方。在行走的过程中，要去掉欲望、去掉繁杂，留下坚定的信念。

因为欲望会让你迷失了自己，繁杂会让你沉重不堪，只有坚定的信念，才会带领你的人生去想要去的地方。

信念是希望，是人生的动力

人不能没有信念，正如人不能没有希望一样。有了信念，再难的障碍都能克服，再远的路也能到达。一个没有信念的人，只会浑浑噩噩地度日。这个竞争激烈的社会，树立一个远大目标的意义并不在于它能不能实现，主要在于它能否调动人心中的渴望，能否激发人的积极心理和坚定的信念。所以，不要在意结果的好坏，而应以坚定的信念去实现自己的目标。俗话说得好，足够的难度才能激发出更大的潜力，当我们被一个目标吸引，能为之不懈努力、全力以赴时，我们就是在接近成功。

古语说，望乎其中，得乎其下；望乎其上，得乎其中。就是说，一个人做事，如果期望达到中等水平，所得的结果只可能是下等；如果将目标定在上等水平上，就可能取得中等水平。我们的目标决定了我们可以走多远，对目标的信念也决定着我们能否走得更远。

坚定的信念总能造就出一个个优秀的人物，制造一个个的奇迹。贝多芬是音乐史上最伟大的音乐家之一。然而，他却在身体上经受着巨大的折磨——双耳失聪。但他正是靠自己的信念，毅然坚持创作，怀着远大的理想，以信念为自己的双耳，支撑着自己，没有倒下，终于创造出不朽的第九交响曲《命运》。

坚定自己的信念，实现自己的人生目标，才不会在人生中迷失路途。在到达目标的过程中，需要自己的努力，需要行动。一切的空想都不能改变现状，更不用说实现目标了。如果信念是内心的希望，行动就是实现希望的唯一方式。有了行动，才能处理好眼前的问题，才能把握好未来的事情，并给自己带来意想不到的收获。

信念很重要，执行自己的信念更重要。只有在行动的过程中，才会知道自己与目标的距离究竟有多远。学会给自己制订一个切实的计划，根据计划从现实出发以达到最后的目的。行动是迈向成功最重要的一步，也可以体现出行动者的信念和他们的毅力。所有的信念都需要靠双脚去实现，所有的计划也需要用行动来实现。当你对一个目标只有信念，没有行动的时候，你的目标只是一个空中楼阁，你的所有努力就像是在凌空舞蹈。有行动，我们才能去解决存在的问题，以积极的态度行动起来，美好的信念才能让我们更接近成功。

人生是一场旅行，如果我们把信念比作是成功彼岸的灯塔，那么行动就是驶向信念目标的航船。有了它，我们可以在人生的大海上劈风斩浪，一往无前。人生是一场旅行，如果我们把信念比作是远方的无限风光，那么行动就是通向美景的小径。有了它，我们可以在人生的高山上披荆斩棘，永不放弃。

去除欲望，减法过人生

作家张小娴说："大多数的失望是因为我们高估了自己。"

面对纷繁复杂的世界，我们马不停蹄地在拼搏、在奋斗。过多的欲望蒙住了我们的双眼，荒芜了我们的心灵，泯灭了我们的良知，枯竭了我们的心湖，太多的欲望占据了我们的快乐。人类有太多的欲望，一旦不能及，便成了失望，也就变得不快乐。一个人最快乐的时候，是他干渴难耐时，突然有一碗清凉的水放在他面前；一个人最痛苦的时候，是当他终于名利双收的时候，却只剩下他自己孤零零一人。

给心灵做一个减法吧，减去我们心中过多的欲望，简单地生活，让自己的心灵淡泊宁静。人生如酿酒一样，"减"去那些无味的水，量虽少了，味道反而醇厚了。减轻烦恼，减去疲惫，减去心灵上的沉重负担，减去一些奢侈的欲望，减去没有多大价值的身外之物。

人生感悟人生几何，也长也短。因为短，我们要学会减法生活，备加珍惜，用心对待。因为长，我们要学会化繁为简，减去不必要的负担与欲望，轻装上阵。只有这样，才能拥有更加丰富、充实、有趣且令人满足的生活。

你有勇气冲破困境吗

任何时候都缺少不了勇气，尤其在面对困难的时候，你需要有勇气冲破目前的困境，一路向前，积极尝试新的解决方法之道。那么在困难面前你有勇气尝试新的人生吗？

迈出成功的第一步就是要勇敢地尝试，我们都有能力实现自己的理想，我们都生活在希望之中，如果旧的希望实现了，或破灭了，就应该立即让新希望的烈火熊熊燃起。人生是一场旅行，我们在前进中要学会尝试，不能退缩，不去尝试新的领域怎能知道你不行呢？

尝试冲破各种束缚和条条框框，学会利用现有资源把事情做成，尝试新的方法，而不是消极等待，好高骛远。要知道，我们的每一步都连接着不可知的未来，要尝试新的人生，就要充分利用现在的条件不断突破。

爱迪生与灯泡的故事

灯泡的发明者爱迪生为了找到一种合适的材料做灯丝，竟不屈不挠地进行了 8000 多次尝试。实验初期，他找了 1600 种耐热材料，反复试验了近 2000 次，结果发现只有白金较为合适，但是白金价格昂贵，对于大众根本不适用，这就是说实验失败了。面对这样的失败，他没有放弃，而是继续尝试着从植物中发掘理想的灯丝材料，先后又尝试了 6000 多种植物。通过不断地失败不断地尝试，爱迪生最终获得了巨大的成功，给人类带来了"光明"。

"一次尝试，就有一次收获"，这句话正道出了爱迪生成功的秘诀。一个懂得尝试的人才有机会触摸到成功的扶手，如果你不去尝试，连尝试的机会都失去了，又何来的成功！

放眼看去，那些影响世界的人物，所取得的一个个震惊世界的成就，又有哪一个不是尝试之花结出的硕果呢？

死守教条会随着教条一起失败

在烈日炎炎的中午，一群饥渴的鳄鱼陷身于水源快要断绝的池塘中。面对这种情形，只有一只小鳄鱼起身离开了池塘，它尝试着去寻找新的生存绿洲。塘中之水愈来愈少，最强大的鳄鱼开始不断地吞食身边的同类，那些苟且幸存的鳄鱼看来是难逃被吞食的命运，可是即便这种情况也没有鳄鱼要离开。没过几天，池塘似乎完全干涸了，唯一的大鳄鱼也耐不住饥渴而死去了。然而，那只勇敢的小鳄鱼呢，它经过许多天的艰难跋涉，幸运地在干旱的大地上，找到了一处水草丰美的绿洲。

在漫漫人生中，需要我们有好的心态和态度来面对所经历的。假如石头砸了你的脚，你也许会觉得真倒霉。假如换个思路想呢，我真幸运，幸亏不是砸到我的头。我们的幸福快乐不仅需要努力来创造，还有你对生活的态度，你的心态能决定你的成败。

人活在世上，应该有与命运较量的勇气，有创造事业的雄心，不要怨天尤人。调整一下自己的心态，如果你被生活压得喘不过气来，不喜欢缺乏信心的窝囊样子，不妨换个角度调整一下找回自己的自信心。

我们都曾拥有过远大的梦想，但是，因为缺乏立即行动的能力，梦想变得萎缩，最终变得渺茫，甚至消亡。与其在黑暗中为自己逝去的梦想期期艾艾，不如打开一道缺口，与梦想遥遥相望，逐步缩短距离。只要你付诸行动，敢于尝试新的生活，总有一天，你会看到生活的奇迹。人生要勇于尝试，才会看到更加美好的风景。

第❸章　不要被诱惑扰乱了心神

　　在选择人生的路线时，不要受外界的诱惑和干扰，不要盲从，你的人生之路应该你自己走下去，所以我们要静下心来听一听内心的声音。在选择人生之路时，你的理想、爱好、专长都影响着你今后的方向，只有选定了自己将要走的人生道路，坚持不懈，再接再厉，才能成功。

坚持自己正确的选择

很多父母会在孩子很小的时候就帮孩子选好了未来的路，孩子在长大后出于对父母的畏惧和避免让父母伤心，依然走着父母选好的路。然而，过了中年才明白原来父母选择的路只是父母未完成的愿望，父母将这些愿望放在了我们的身上去实现，我们却失去了自己选择的机会。

还有一些人，在选择了自己的人生路后，却遭遇了一些挫折，便会立刻如霜打的茄子，失去前进的动力。自己的路，只有自己才能独立走完，如果你对自己的人生路失去了动力，那么，你失去的将是整个人生。

他人不能替你走完你的人生路

19 世纪初，美国一座偏远的小镇里住着一位远近闻名的富商，富商有个 19 岁的儿子叫伯杰。

一天晚餐后，伯杰正在欣赏着深秋美妙的月色。这时他看见窗外的街灯下站着一个和他年龄相仿的青年，那青年身着一件破旧的外套，清瘦的身材显得很羸弱。

他走下楼，问那青年为什么长时间地站在这里？

青年满怀忧郁地对伯杰说："我一直有一个梦想，就是自己可以拥有一座宁静的公寓，吃过晚饭后能站在窗前欣赏美妙的月色。可是这样的梦想对于现在的我来说简直太遥远了。"

伯杰说："那么请你告诉我，离你最近的梦想是什么？"

"我现在的梦想，就是能够躺在一张宽敞的床上睡上一觉。"

伯杰拍了拍这个青年的肩膀说："朋友，今天晚上我可以让你梦想成真。"

于是，伯杰领着他走进了富丽堂皇的公寓。然后把他带到自己的房间，指着那张豪华的软床说："这是我的卧室，睡在这儿，保证像天堂一样舒适。"

第二天清晨，伯杰早早就起床了。他轻轻推开自己卧室的门，意外发现床上的一切都整整齐齐，分明没有人睡过。伯杰疑惑地走到花园里。他发现，那个青年人正躺在花园的一条长椅上睡着。

伯杰叫醒了他，很不解地问："你为什么睡在这里？"

青年笑笑说："你给我这些已经足够了，我已经很满足了。谢谢……"说完，青年头也不回地走了。

30年后的一天，伯杰突然收到一封精美的请柬，一位自称是他

"30 年前的朋友"的男士邀请他参加一个湖边度假村的落成庆典。

在这里，伯杰不仅领略了典雅的建筑，也见到了很多社会名流。接着，他看到了即兴发言的庄园主。

"今天，我首先非常感谢的就是在我成功的路上，第一个帮助我的人。他就是我 30 年前的朋友——伯杰……"说着，他在一片掌声中，径直走到伯杰面前，并紧紧地拥抱他。

这时，伯杰才恍然大悟。眼前这位名声显赫的大亨特纳，原来就是 30 年前那位贫困的青年。

酒会上，那位名叫特纳的"青年"对伯杰说："当你把我带进寝室的时候，我真不敢相信梦想就在眼前。那一瞬间，我忽然明白，那张床不属于我，这样得来的梦想是短暂的。我应该远离它，我要把自己的梦想交给自己，去寻找真正属于我的那张床！现在我终于找到了。"

如果选择是正确的，就要坚持到底

狄更斯和爱迪生就是靠坚持而取得最后的胜利的。坚持，使狄更斯为人们留下许多优秀著作，也为世界文学宝库增添了许多精品；坚持，使爱迪生攻克了许许多多的难关，为人类的进步作出不可磨灭的贡献。只要你选好了这辈子需要走的路，就要坚定地走下去，坚持能够使人取得事业和学业上的成功。

那些失败者往往是在最后时刻未能坚持住而放弃努力，与成功失之交臂。瑞典一位化学家在海水中提取碘时，似乎发现一种新元素，但是面对这烦琐的提炼与实验，他退却了。当另一化学家用了一年时间，经过无数次实验，终于为元素家族再添新成员——溴。那位瑞典化学家只能默默地看着对方沉浸在胜利的喜悦之中。

这两位化学家，一位坚持住了，取得了胜利；另一位却没有坚持住，未能取得成功。可见，能否坚持是取得胜利的最后一道障碍。在最黑暗的时刻，也是光明就要到来的时刻，越在这样的时刻，越需要坚持。因为坚持就是胜利。

对于刚步入社会的年轻人来说，梦想就是成功的开端。成功往往是伴随"梦想"而来，很多人一辈子平平庸庸地过日子，并不是才华不如人，而是过早放弃了自己的梦想。其实很多著名企业家及成就大事业者，均是出身贫穷或是平凡的背景，他们的成功源于敢于实践自己的梦想，敢于挑战更高的目标。

人生就像一场旅行，走自己选的路，会看到独特的风景，同时会激起独特的心理感受，形成独特的思想。这时的你即使不标新立异，也已与众不同；即使平凡，也决不平庸。

跌倒了仍要爬起来走

人生路漫漫，我们的人生之路并不好走，坎坷、诱惑等因素时刻在无形中攻击着我们。当我们被攻击跌倒了，跌倒并不可怕，也不丢人，重要的是在每次的跌倒之后能够勇敢地站起来，这才是最大的荣耀。就算跌倒了，也要豪迈地笑。跌倒了后站起来失败将变成过去，但是跌倒后就躺在了原地，那注定将会是一生的失败。

像飞机一样永不偏离既定的航线

有人问一位智者："请您告诉我，怎样才能成功呢？"

智者笑笑，递给他一颗花生："用力捏捏它。"

那人用力一捏，花生壳碎了，只留下花生仁。

"再搓搓它。"智者说。

只见红色的种皮被搓掉了，只留下白白的果实。

"再用手捏它。"智者说。

那人用力捏着，却怎么也没法把它毁坏。

"再用手搓搓它。"智者说。

当然，什么也搓不下来。

"虽然屡遭挫折，却有一颗坚强的百折不挠的心，这就是成功的秘密。"智者说。

既然选择了前方，就要风雨兼程，既然选择了彼岸，就要不怕狂风巨浪；如果志在高山，就要飞上蓝天，如果志在大海，就要劈波斩浪。

中国电子商务教父马云说："今天很残酷，明天很残酷，后天很美好，但是绝大部分人是死在明天晚上，只有那些真正的英雄才能见到后天的太阳。"

拿创业来说，从无到有地建立一项事业，其中的艰辛是可想而知的。成功的事业总会需要一定的经验、资本等，而年轻的创业者在这些方面都会有所欠缺。所以，为了事业的成功，就得付出代价，更需要具备过人的毅力来承受在创业路上可能遇到的各种艰难和挫折。不论在创业的原始阶段，还是事业真正发展的阶段，这种毅力都是成功不可缺少的一种精神食粮。

我们或许在看到别人的成功时总是认为是运气好，机会好。自己一天到晚觉得自己有很多想法，我要怎样地做一番大事业，甚至连有钱后怎么花都想到了，但是在上班的时候还是会有些偷懒，还是会趁领导不注意跑出去吃顿早餐……就这样日复一日年复一年地生活着。最后只好把自己的理想和抱负寄托在自己孩子的身上。

其实这种人一生碌碌无为并不是因为没有理想和追求，只是他的理想和追求全部都淹没在他恐惧失败的心理中。其实通过每次失败后不断检讨自己失败的原因，校正前进的方向，才能逐步迈向成功！我们不要恐惧过程中的风雨洗礼，因为它们都是你到达前方所必经的风景。

选定目标，不抛弃不放弃

人人都有成大器的可能，也有成大器的意愿，但最后可以心想事成的人却是少之又少。人们要把可能、心愿变成事实，并不是容易的事情，多数人之所以失败是因为对目标不能持之以恒。在这个世界上，值得人们追求的东西有太多太多，如果什么都想要，就什么也得不到。我们只能选定一个目标，盯紧它，全力追赶它，不被其他的目标所诱惑，才可能达成心愿。不放弃、不抛弃是我们对目标应有的态度，也是对自己应有的要求。

在动物的世界，狮子在追赶猎物的时候会盯紧前面的目标穷追不舍，即使身边出现有其他猎物，距离前面的猎物更近，它也不会改变自己的目标。狮子追赶猎物，既是速度的较量，也是体能的较量。只要盯紧前面的目标，当猎物跑得累了的时候，十有八九会成为狮子的美餐。如果狮子改变自己的目标，新猎物体能充沛，跑得会更快、更持久，捕捉到的可能性更小。如果狮子不断改变着自己的目标，累死了也不会有收获。我们对自己的目标有这样的坚持吗？

坚定总能产生巨大的力量。例如，阳光照在一张白纸上，不论照多长时间，这张白纸都不会有多大的变化。而当我们用放大镜把太阳光聚集在一个点上，这张纸很快就会着火；无数滴水打在不同的地面上，地面上不会有太大的痕迹，而当这些水珠滴在一个固定的点上，却可以把一块石头击穿。当我们集中自己的所有力量，朝着唯一的目标前进时，总能有相应的收获。相反，被其他目标所分散，轻易地改变、放弃自己的目标，到头来只会是一场空。

巴菲特从小就显露出赚钱天赋。11岁那年他和姐姐一起以每股38美元的价格买了3000股城市服务公司的股票。

令他们难过的是，没过多久这支股票就跌到了每股7美元。于是，姐姐便抱怨巴菲特。

后来又过了一段时间，这支股票就慢慢回升到40美元，为了挽回损失，不让姐姐难过，巴菲特赶快卖掉了股票，但是在不久之后，这家公司的股票很快又涨到了每股 200 美元。

这件事让巴菲特有很深的感触，于是他为自己确定了两条终身不改的准则：一是设立目标必须要有充分的依据，经过严密的思考和精确的计算；二是一旦目标确立后，不管什么人或因素干扰，只要目标合理，绝对不轻易放弃和改变，尤其是核心目标。

爱迪生曾说，目标能够将你身体与心智的能量锲而不舍地运用在同一件事情上。一个人整天都在做事，晚上十一点睡觉，他做事就做了整整 16 个小时。唯一的问题是，他做很多很多事，而我只做一件。假如他将这些时间运用在一个方向、一个目的上，他就会成功。

名利是把双刃剑，不要被名利迷惑

名利不仅是把利剑，还是一把双刃剑。有人幸运地握住了剑柄，有人很不幸地站到了对面，不论好坏，都会有人成为争斗中的牺牲品。

当名利的剑锋闪现出骇人的光芒时，很多人才如梦初醒般地意识到名利的强大与残忍。事实上，真正使名利变得残忍的是人们自己，因为那剑尖所指处正是人的内心。在追逐名利的道路上，又有多少人可以做到不为名利所累，不为名利所惑，不在名利场中迷失自己呢？

俗话说得好，人心不足蛇吞象。在名利面前，贪欲使多少人丧失理性，失去了判断力。以为自己有多么的强大，其实却如镜花水月，只是表面繁荣，有朝一日大厦倾覆，也只落得身败名裂，树倒猢狲散。

现实生活中，有不少人为了各种各样的欲望，不惜让自己负荷加重。殊不知，欲望犹如一条锁链，一个牵着一个，永远不能满足；正是这样欲望就捆绑住了自己原本可以快乐飞翔的翅膀，最终让自己丧命于风雨雷电、惊涛骇浪、荆棘沼泽之中。

要想使自己拥有幸福与快乐，要想使自己的事业蒸蒸日上，就需要尽快挣脱欲望之锁，以便给自己的身心减负，给自己的脉搏降压！

畏首畏尾 = 一败涂地

每个人都有自己的愿望，每个人都想做自己想做的事情。可是现实生活中，人们总在遗憾，总在幻想，真正付诸行动的人少之又少。很多人总是畏首畏尾，不敢做自己想做的事情，这其中的主要原因就是这些人认为自己要做的事是别人不曾做或反对做的，如果自己做了，可能会失败或者被认为是另类，甚至成为众矢之的。

其实，不管我们当初选择某项工作的初衷如何，我们都应该喜欢或者试着去喜欢，并且热爱目前所做的工作，因为为人处世的态度，完全出自个人的选择，只要你选择快乐、选择用心，无论什么样的工作都可以让你乐在其中。

做自己想做的事是每个人的愿望

做自己想做的事，是每个人的愿望，因为这可以让自己更快乐，更容易获得成功。但是，在现代职场，有很多人之所以一直从事着自己不喜欢的工作，是因为他们只是把工作当作养家糊口的工具，而不是真心喜欢并乐意去做它，所以这样的工作质量可想而知。

如果无法在目前的工作中选择好的态度来对待它，那么，就一定要去重新选择工作，做你想做的事。否则，你可能会与成功永远无缘。

杰西卡是美国夏威夷一家制衣公司的设计师，这家公司一直生产着传统的夏威夷人喜欢穿的罩袍。这些罩袍只有一种尺码，花色单一，款式陈旧，由于是成批生产，制作上也很粗糙，看上去千篇一律，没有半点美感可言。

杰西卡决定对罩袍进行改制，她想先为自己缝制一件罩袍，并穿在身上，看看效果如何，这样将来对罩袍进行改进时就更有说服力。

于是，杰西卡买来了能体现个性特色的印花布，通过精心剪裁，使罩袍不仅保持原来舒适自然的特点，又能够适合自己的身材尺寸。与此同时，她还为罩袍精心设计了漂亮的花边。这种特殊的设计，立刻引起了房东太太的极大兴趣，要求杰西卡也为自己照样缝制一件。穿上杰西卡为她量身定做的传统罩袍，房东太太十分喜欢，她怎么也想不到，这种传统的服装，居然也可以做得如此漂亮美观。

当杰西卡把她想改进公司生产的传统罩袍的想法告诉同事们的时候，几乎所有的人都连连摇头："难道你不知道在夏威夷各大旅馆、服装店和旅游中心陈列着成千上万件罩袍？它们都是传统式样，没有人敢去改进它啊。"

可是杰西卡却不这么想，她决心要试一试。因为，她始终坚持这样一个准则：只要想做，就立即去做。

杰西卡把自己的想法告诉了公司经理，并得到了经理的大力支持。她亲自负责选购布料和为上门的顾客测量尺寸大小，然后将布料交给其他同事去裁剪和缝制。就这样，在这家生产传统罩袍的公司里，生产出了一件件漂亮又适合人们身材的新式罩袍，随之而来的就是公司的生意开始红火起来。在杰西卡的努力下，公司后来还把这种独特的服装推销到了美国本土的其他许多城市。

而杰西卡则凭着"做自己想做的事"的行为准则，赢得了经理的青睐，从一个普通的设计员工被提拔为公司的首席设计师。

令人遗憾的是，在生活中，很多人没有杰西卡那样的勇气去做自己喜欢做的、想做的事，总是担心自己无法胜任，担心失败，担心遭人议论，担心自己的决策是错误的等，于是剩下的只有对别人的羡慕：工程师羡慕自己的同事有勇气离开公司，去另立门户，独立创业；公交司机羡慕出租车司机，有自由的上下班时间，自由的行车路线，而自己得按时上下班，每天重复着那条必经的路线，不能少一个站，也不能多一个站；推销员羡慕医生成天待在办公室里，不用在外面受风吹日晒，而且能拿着高薪……

只要想做，就立即去做！如果你不喜欢你现在的工作，就不要给自己设定障碍，这是你的权利，没有人可以阻拦你。

相信自己，但不盲从自己

生物世界里有一种鱼叫鲦鱼，通常行动时都有一个"领袖"，其他鱼都会在领袖的领导下行动，非常有秩序。德国有一位生物学家做了一个特殊的实验，将一条鲦鱼的脑子切除，这条鱼能维持相当一段时间的生命。当这条鱼被放回水中的时候，它已经丧失正常鱼的抑制力，只是随意地游向任何地方，而令人惊奇的是，其他鲦鱼这时都盲目地跟随着它，以这条鱼为"领袖"。

其实，人类的心里，也存在"盲从"的想象。比如说，当你面对一个你完全不了解的且根本无法知晓的领域，你往往会倾向于大多数人的选择。大家都说，排队排很长的小店东西一定很好，人气最高的饭馆菜一定不错，为什么呢？因为我们判断不了或者没有时间和精力去判断饭馆的饭菜好吃与否，所以常会不假思索跟随多数人的选择。

美国著名心灵导师、成功学大师卡耐基曾说过："想成为一个真正的人，首先必须是一个不盲从的人。"

"世界旅馆大王"威尔逊就是一个做事不盲从、勇于坚持自我的人。他开始创业时非常艰难，一切都是白手起家。第二次世界大战后，威尔逊积攒了一点钱。他从长远的眼光出发，认为从事地产生意一定会有利可图，于是，他决心从事地产生意。由于刚经历过战争，经济大伤元气，各行各业有待复苏，人民生活也不太富裕，做地产生意的人也很少，建住宅、商房和厂房的人也不太多，所以地产不被人们看好，价格也很低。就连威尔逊身边的朋友都认为从事房地产生意无利可图，劝他谨慎投资。但威尔逊却不这样认为，他坚持自己的观点，并坚信：当时的美国经济虽然落后，但作为战胜国，经济的复苏一定会很快，地产的升值潜力也一定有很大的空间。

于是，威尔逊用自己的全部家当和一部分贷款买下了离市区很远的一块不被人看好的地皮。这块地皮地势不好，也不适宜耕种，更不适宜盖房子，所以无人问津，可是威尔逊亲自到那里看了两次以后，毅然决定买了下来。

这一次，连很少过问生意的母亲和妻子都出面干涉。尽管如此，可是威尔逊坚持认为，美国经济很快就会繁荣，城市人口会越来越多，市区也将会不断扩大，他买下的这块地皮一定会成为黄金宝地。

事实也正如威尔逊说的那样，三年之后，美国城市人口骤增，市区迅速发展，马路一直修到了威尔逊那块地的边上，这时候大部分人才突然发现，此地的风景实在宜人，宽阔的密西西比河从它旁边蜿蜒而过。大河两岸，杨柳成荫，是人们消夏避暑的好地方。可想而知，这块地皮马上身价倍增，许多商人都争相高价购买，但威尔逊并不着急把这块地皮卖掉，这真叫人琢磨不透，后来，威尔逊自己在这块地皮上盖起了一座汽车旅馆，命名为"假日旅馆"。

假日旅馆由于地理位置好，舒适方便，开业后，游客盈门，生意非常兴隆。此后，威尔逊的假日旅馆便像雨后春笋般出现在美国及世界其他地方，这位高瞻远瞩的"风水先生"获得了巨大的成功。

只要是自己认定的事情，就别太在意别人的看法，更不要去盲从，否则吃亏的只有你自己。做生意就像下棋一样，平庸的人只能看到眼前的一两步，而高明的棋手却能看出后五六步。有的时候，对于自己的信念，只要是对的，就一定要坚持，千万不可人云亦云。

第4章　定期清洗被感染的心灵

　　人生太梦幻，有跌倒时的疼痛，有成功后的喜悦，有痛彻心扉的失去，有甜蜜蜜的相拥。

　　在这条人生之路上，我们要擦亮双眼，不要急于求成，在清晰的目标与奋斗的动力下前进，定期清空自己在社会中被感染的心灵，懂得欣赏生活中的美。

看清自己的人生之路并永往直前

　　未来是不可知的，但我们却能看清眼前，一个个眼前组成了未来。在人生这条路上，我们要擦亮双眼，选择适合自己，选择积极正能量的路，不要被一些虚幻之物所迷惑，误入歧途。

　　每个人都会经历顺逆境，当顺境时，我们应该静下心来，不要让顺境时的畅通无阻变成放手开车的悲剧；当逆境时，我们要勇于面对，只有百折不挠的精神才能战胜不如意。

最快的路，不一定就是最短的

　　最快通过的路未必是最短的，只有寻找捷径，寻找方法，才能让最长的路变为最短的，路的长短区别并不是在于路的本身长度，而是当我们踏上这条路时的心境，如果我们想快速地走完它，那么，我们就要想办法让它变短，如果我们不寻找机遇，不寻找捷径，不寻找方法，那么，路一直在远方。

　　一家公司的职员匆匆忙忙去上班，这一天，他有一个非常重要的会议，是关于他个人提升的事宜，可是偏偏今天早上起晚了，如果今天迟到，他的提升肯定完了。

所以，他一定不要迟到，最糟糕的是，他现在只有30分钟的时间，一般情况下，做公交的话，要坐一个小时。他只有去打出租车，希望能赶得上参加会议。

终于他截到了一辆出租车，匆匆忙忙上车后，他便对司机说："师傅，麻烦您，我很赶时间，拜托您走最短的路！"

司机问道："先生，是走最短的路，还是走最快的路？"

小职员好奇地问："最短的路不就是最快的吗？"

"那可不一定，现在是繁忙时间，最短的路都会交通堵塞。你要是赶时间的话便得绕道走，虽然多走一点路，却是最快的方法。"

小职员最后还是选择走了最快的路。

途中他看见不远处有一条街道堵车非常严重，司机解释说那条正是最短的路。司机所言没差，多走一点路果然畅通无阻，虽然路程较远，多花了点费用，却很快便到达了目的地。

我们的人生何尝不是这样呢，最短的路未必是最快的。所以，两点之间，不一定直线最短，要考虑好各种因素再做出选择。

你想进一家大型外企工作，可是你没有很高的学历，也没有相关的经验，也没有特别的技术。与其想方设法进去工作，还不如退一步，换一种方法：你可以选择一个相关的行业，踏踏实实待几年，做出成绩来。然后带着经验和策划再进去，身价自然就不一般。如果你特别喜欢一个女孩，但是被拒绝了，与其穷追不舍，倒不如选择迂回招数，先弄明白自己到底差在哪里。如果硬件不好，就努力不断提升自己的能力和魅力，以最好的形象站在她面前；如果不够温柔，就从小事做起去关心她保护她；如果是没有感觉，就从朋友做起慢慢培养感情。与其一定要一个答案，倒不如给自己时间去争取。

逆境是一把双刃剑，你强它便弱，你弱它则强

并不是所有的人生旅途中都会顺风顺水，我们时刻会遭遇逆境、困难、障碍、挫折等。这些都是无法回避的，我们能做的就是勇于面对。卓越的人一大优点是，在不利和艰难的遭遇里百折不挠。

人生的旅途上，成为强者和沦为弱者的分别在于——是否能够聪明应对逆境。有些逆境好像十字路口的红灯，警告你不要一意孤行，这时你需要另找一条适合自己的路。还有一些逆境其实只存在于你自己的心中，你需要大胆地打破自己为自己设置的心理牢笼。一个人不管遭遇怎样的逆境和厄运，一定不能绝望、轻

易"淹没"自己的理想，要知道在这个世界上，没有绝望的处境，只有对处境绝望的人。俗话说得好"世上无难事，只怕有心人"。

有位心理学家曾经做了这样一个实验：把一只小白鼠放到一个装满水的水池中央，水池虽然很大，但仍在小白鼠游泳能力可及的范围之内。当小白鼠落水后，它并没有马上游动，而是转着圈子发出"吱吱"的叫声。它是在测定方向，因为鼠须就是一个方位探测器。当它的叫声传到水池边沿，声波又反射回去，被鼠须探测到。小白鼠就是凭借着这样判断出自己的位置及离水池边沿的距离，然后不慌不忙地朝着一个选定的方向游去，于是很快就游到了岸边。几次试验都是如此。

这个试验之后，心理学家又把另一只小白鼠放到水池中央，只是这次把这只小白鼠的鼠须剪掉。小白鼠落水后，同样在水中转着圈子发出"吱吱"的叫声，但是由于自己的"探测器"已不存在，它探测不到反射回来的声波……没过几分钟，筋疲力尽的小白鼠溺死在水里。

关于第二只小白鼠的死亡原因，心理学家这样解释：小白鼠无法测定方位自认为无论如何是游不出去的，于是就停止了一切努力。心理学家最后得出这样的结论：在生命彻底无望的前提下，动物往往会强行结束自己的生命，这叫"意念自杀"。

逆境无法回避，这些都是我们人生的一部分，我们能做的只有面对。在逆境中，我们要认识自己，更要反思自己。例如可以分析造成目前状况与自己的关系，重新审视自己的能力与处理问题的方法，调整自己看问题的角度，等等。当明确了问题之后，接下来就看你怎么处理了。

逆境可以锻炼自己的应变能力和思变能力。一般在逆境中人们的抵抗力会表现得很弱，容易看不清问题，或者看问题不全面，随之会做出不合理的决策等。所以在这种情况出现的时候，我们要强迫自己规避这些状况的出现，积极应对，不断改变自己的策略，尝试不同的方法，强制自己用不同的方式来应对，尽快调整自己，让自己能够主动地应对变化。

逆境是人生的财富，弥足珍贵。我们都渴望自己的生活和工作可以平步青云，一帆风顺。可是现实往往会事与愿违，不像我们期望的那样。正确面对是我们唯一面对和经历这段时期的方法，记得有位智者曾经说过，磨难是一个人最大的财富。我们好好珍藏这些记忆，努力付出渡过艰难的心路历程，过往后就发现原来这样的过程如此美妙，会给自己带来这么多的收获。

定期让心归零

在社会中立足，久而久之就会积累很多的东西，比如名利、荣誉、声望等。可能有一天你忽然发现你背负的东西在一点点增加，快要超出了你能够负荷的范围，那么你就应学会定期清理这些不必要的东西，这样才可以轻装上阵。

人应该定期给自己清零，锻炼自己的能力，人的一生不可能一帆风顺，想做一个成功的人必须具备良好的心理素质，才能承受一切,才能领悟到什么是起，什么是落! 在起落中感受到人生的真谛!

回到原始状态，找到真实的自我

一个人活在这个世界上尽量要让自己活得真实些，活得自然些。不要怕失去自己身边的东西，当人回到原始状态时，才能找到真实的自我，才能感受到生活的美好与自然!

哈佛大学的校长讲了一段自己的亲身经历：有一年他向学校

请了 3 个月的假，然后告诉自己的家人："不要问我去了哪里，我每星期都会给家里打个电话，报个平安。"

然后这位校长就去了美国南部的农村，在农场干活，去饭店刷盘子。在农场做工的时候，背着老板抽支烟，或者和自己的工友偷偷地说几句话，都感到很高兴。

最后他在一家餐厅，找了一个刷盘子的工作，只工作了 4 个小时，老板就给他结了账，对他说："老头，你刷盘子太慢了，你被解雇了。"

这位校长回到哈佛后，感到换了另外一个天地：原来在这个位置上是一种象征、是一种荣誉，而这 3 个月的生活，让他改变了自己对人生的看法，让自己复了一次位，清了一次零。

记得过年前大扫除的经验吧。当你一箱又一箱地打包东西的时候，是不是会惊讶自己在过去很短的时间内，竟然堆积了那么多的东西？你会不会有些懊恼自己为何不定期整理这些东西，否则，今天就不会累得连腰都直不起来？大扫除的经验告诉人们：人一定要随时清扫，及时淘汰不必要的东西，日后才不会变得不堪负重。

心灵扫除就好像是生意人的"盘点库存"。你要了解仓库里还有什么，一些货物如果不能限期销售出去，最后很可能会因积压过久而拖垮你的生意。

　　心灵的定期"清零"，有时候比储存更重要。我们的生活需要记忆，记住经验，记住关怀，记住友情，记住爱情……但同时我们的生活也需要清零，整理人生的坎坷，扫除生活的烦恼。将成功的辉煌归零，永远保持前进的姿态，将个人的恩怨清除，永远保持一颗平和与善良的心。

生活不在别处

生活就在你面前，美景也一直存在你的生活中，不要张望远处的美，那些美未必就是你能触摸到的。珍惜现在所拥有的，才是最真实，也是最值得自己去为之付出的。很多步履匆匆去远方寻找美好生活的人，到最后总会留下一句——还是以前的生活方式好。

因此，我们不要等失去了才后悔。

美景是平淡心态的产物

人们经常会犯同样的一个错误，因为平淡的日子和熟视无睹的风景，磨钝了我们对自己生活中美的发现。因此，我们经常会抛下身边的风景去别处寻找同样的景色。每个人都有理由向往未来的生活、远方的风景，但决不可为了"向往"而厌烦身边的一切。

生活中，经常会有很多朋友喜欢旅游，每到长假休息日，都举家外出旅游。可是，当你询问他在外边看到了什么样的风景时，却说，没什么特别的，和咱们家周围的风景也差不多。

"人生是一段旅程，不在乎沿途的风景，而是在乎看风景的心情"，这虽是一则广告词，却道出了人生的真谛。心情不同，就会看到不同的风景。再美的风景，如果没有宁静的心情，也无法感受其中的韵味。相反，再糟糕的风景，只要有乐观的态度去面对，依然很美。

人生是一场旅行，如果只是在步履匆匆，想要直奔某种目标而穷追猛打，最终会丢失了自我和为目标而奋斗的乐趣。我们常常因为太过于在乎目的地而忘了品味过程，又或是忽视了欣赏沿途美丽的风景！

人生旅程对我们而言，很难选择起点，也很难预知终点，很难猜测下一个目的地什么时候到达。可是，我们却可以慢慢回味那些让我们成熟、让我们的人生变得厚重而沉淀的点点滴滴！在人生的旅程中，我们遇到的每一件事、每一个人、每一道沟壑、每一片景色，不管是阳光灿烂还是风雨交加，都会在时间的流逝中，成为旅程中一道道难忘的风景。这就需要我们懂得选择一份美好，体会一份快乐。懂得享受过程，欣赏沿途的美景！

著名的哲学家苏格拉底告诉我们："当我们追求一个遥远的目标时，切莫忘记，旅途处处有美景！"在人生的旅途上，哪怕只是一个很普通的朋友、一个萍水相逢的人、一条河、一棵树，都有可能给你带来意想不到的欣喜。人生喜怒哀乐都有，与其脸上写满烦躁、焦急、疲惫与不安，还不如怀着一份欣赏的眼光看世界，也许会别有一番收获。

居闹市而自辟宁静，固守自我而品尝喧嚣。我们需要保持一份清醒、保持一份平和、保持一份快乐、保持一份轻松。学会欣赏沿途的风景，这不仅是一种态度、一种精神，也是一种人生的智慧！我们应该保持原本属于自己的那份活力，在繁忙的工作生活中偷出一点时间来修饰自己、培养自己、滋润自己、满足自己。

生活不在别处，就在你眼前

人们总是喜欢梦幻中的虚设，为了这些梦幻的东西不停追寻着，从而忽略了周围的一切；生活是最公平的，那些最真的生活、最大的幸福，常常就在我们的身边，遗憾的是大多数的人都不自知。

大部分的时间，我们不知道幸福是什么，什么是生活，总觉得别处才是自己的归宿，总盼望着别处不同的生活，总以为那未知的生活一定是最好的，所以一直马不停蹄地追寻，直到有一天猛然发现生活原来就在这里。

从前有个年轻英俊的国王，一直被两个问题困扰着：第一，我生命中最重要的时光是什么时候？第二，我生命中最重要的人是谁？

他向全世界的哲学家宣布，如果能圆满地回答出他这两个问题的人，将分享他的财富。于是，很多的哲学家从世界各地赶来了，但是他们的答案却没有一个能让国王满意。

这时候有人告诉国王，在很远的山里住着一位非常有智慧的老人。国王于是马上乔装打扮，出发去找那位智慧老人。

他来到智慧老人住的小屋前，发现智慧老人盘腿坐在地上，正在挖着什么。"听说你是个智慧的人，能回答所有问题，"国王说，"你能告诉我谁是我生命中最重要的人吗？什么时刻是我人生的最重要时刻？"

"帮我挖点儿土豆，"老人说，"把它们拿到河边洗干净。我烧水，你可以和我一起喝一点汤。"

国王认为这是智慧老人对他的考验，就照他说的做了。他和老人一起待了几天，希望他的问题能得到解答，但老人什么也没有回答。

最后，国王对智慧老人很生气。他拿出自己的国王印玺，证明了自己的身份，宣布老人是个骗子。

智慧老人说："在我们第一天相遇的时候，我就回答了你的问题，只是你没明白我的答案。"

"是吗？那你的答案是什么呢？"国王问。

"你来的时候我向你表示欢迎，让你住在我家里，"老人接着说，"你要知道过去的已经过去不会再回来，而将来的还未来临——就是说你生命中最重要的时刻就是现在，你生命中最重要的人就是现在陪在你身边的人，因为正是他和你分享并体验着生活啊。"

生活不在别处，我们应该珍惜现在的所有，活在当下。

我们应该珍惜现在所拥有的爱情，不要轻易放弃。一个人一生中能找到一份真正属于自己的爱情不容易，那么为什么不好好珍惜呢？难道真的非得等到失去了才后悔吗？

时光匆匆流逝，下一刻会发生什么谁也不知道，不懂得珍惜现在，下一秒钟就可能后悔莫及。

世界上最珍贵的东西是现在拥有的。我们拥有蔚蓝的天空，拥有清新的空气，拥有健康的身体，拥有爱我们的人和我们爱的人，这些难道不值得我们去珍惜吗？人生没有再回首，时光倒流只是我们美好的想象。而未来如果没有今天的努力拼搏，也是不会实现自己的理想的。那么就从现在开始，珍惜你现在拥有的，这是你最宝贵的一笔财富，请好好利用它吧！

转角遇到梦想

人生的旅途中，当你遇到一件事，已无法解决，甚至是已经影响到你的生活、心情时，不妨先停下脚步，暂时地想一想是否有回旋的空间，或许换种方法，换条路走事情便会简单很多。但是，通常在那一刻，我们并来不及想到这些，只是一味地在原地踏步、绕圈，让自己一直地陷在痛苦的深渊中，生命中总有挫折，那不是尽头，只是在提醒你：该转弯了！

人生美在转弯后的柳暗花明

人生之路如慢慢长河，我们是河上的船只，当我们遇到转弯处的时候，我们要告诫自己，转弯后又是一处美丽的风景，不要为人生的转弯感到悲切，转弯是一种理解，是一种解脱，是一种升华。只有懂得了转弯的道理后，人生才会愈加精彩。

克里斯朵夫·李维，是以主演美国大片《超人》而蜚声国际影坛的。然而，1995 年 5 月，正当他在好莱坞红极一时、风光无限的时候，一场飞来的横祸改变了他的人生。原来，在一场激烈的马术比赛中，他意外坠马，从此成了一个永远只能固定在轮椅上的高位截瘫者。当他从昏迷中苏醒过来的时候，对家人说出的第一句话就是：让我早日解脱吧。出院后，为了让他散散心，平息他肉体和精神的伤痛，家人推着轮椅上的他外出旅行。

一次，小车正穿行在落基山脉蜿蜒曲折的盘山公路上，克里斯朵夫·李维静静地望着窗外，发现每当车子即将行驶到没有路的关头，路边都会出现一块交通指示牌："前方转弯！"或"注意！急转弯"的警示文字。而拐过每一道弯之后，前方照例又是一片柳暗花明、豁然开朗。"前方转弯"几个大字一次次地冲击着他的眼球，也渐渐唤醒了他的心灵：原来，不是路已到了尽头，而是该转弯了。他恍然大悟，冲着妻子大喊一声："我要回去，我还有路要走。"

从此以后，他继续努力以轮椅代步，当起了导演。他首席执导的影片就荣获了金球奖；他还用牙紧咬着笔，开始了艰难的写作，他的第一部书《依然是我》一问世，就进入了畅销书的排行榜。就在同一时期，他创立了一所瘫痪病人教育资源中心，并当选为全身瘫痪协会理事长。此外，他还四处奔走，举办各种各样的演讲会，为残障人的福利事业筹募善款，成了一个著名的社会活动家。

后来，美国《时代周刊》以《十年来，他依然是超人》为题报道了克里斯朵夫·李维的事迹。在这篇文章中，他回顾自己的心路历程时说，以前，我一直以为自己只能做一位演员，没想到今生我还能做导演、当作家，并成了一名慈善大使。原来，不幸降临的时候，并不是路已到了尽头，而是在提醒你：你该转弯了。现如今，虽然"超人"克里斯朵夫已离开了我们，但他良好的心态、绝不向命运屈服的坚毅和顽强，让人们永远地记住了他的名字。

在人生这段旅程中，路不仅在我们的脚下，更在我们的心中，心随路转，心路常宽。

有梦想，努力才有动力

梦想，是一个人努力的方向，只有先确定了发展与努力的方向，才能渐渐向着成功靠近，没有方向的前进，如同没头的苍蝇，只能胡飞乱撞。

一个农夫有两个女儿。大女儿漂亮、善良、多情，人见人爱，大家都认为她有一天一定会嫁到皇宫里去的。小女儿长相平平，也没有什么突出的个性，她在大家的忽视中慢慢长大。大女儿白天帮母亲料理家务，闲时浇浇花、喂喂鸟，等待着嫁到皇宫里去。

她的人生早被母亲安排好了，尽可能地嫁给高官或皇族，这也是他们全家人的希望，当然除了小女儿。小女儿整天蹲在一堆破布和针线当中，她只有一个愿望，就是做出世界上最美丽的衣裙。

小女儿看到全家人靠省吃俭用给姐姐买的花裙子，是多么的漂亮，就像展翅的蝴蝶。她也曾趁大家熟睡的时候，偷偷穿在身上，一个人在月光下跳舞。可是，那些裙子终究不是她的，要知道全家省吃俭用才能买一条这样贵的裙子。长大一些后，她就不再偷穿姐姐的裙子了，而是暗暗下决心，要自己缝制漂亮的花裙。

从这个时候开始，她总是想方设法在村子里收集各种废旧的剩余的布料，照着样子缝制裙子。后来她的针线活越做越好，缝的补丁都看不见针脚，她能够按照补丁的形状缝成花、太阳、蜻蜓，等等，完全看不出来是块补丁。她的手艺引起了村里裁缝的注意，让她到店里帮忙，于是她开始了正规的缝纫学习。

与此同时，她的姐姐也开始了相亲。父母把她的大女儿打扮成大户人家的小姐，让她去参加各种各样的社交舞会，以求能够遇见贵人。小女儿对姐姐说，如果不想去可以拒绝的。但是她的姐姐也不知道自己要什么、能做什么，倒不如听从父母的安排。

时间在慢慢过去，姐姐终于找到了一个愿意接受她的贵族，可是这个贵族已经40岁了，右腿有些不灵便，而且还带着前妻留下的两个孩子。这时候，小女儿也来到城里，村里的裁缝资助她到城里的裁缝店学习。大女儿出嫁了，她得到了一大笔钱，而姐姐自己却无所谓快乐不快乐的，她没有什么想要的，也不知道能做什么，只是在听从父母的安排。有时候，她也会羡慕妹妹的梦想和努力，可那毕竟是一瞬间的想法而已。

通过专业的学习，小女儿的手艺越来越好，很多上层贵族都喜欢找她做衣服。当她姐姐有了第一个孩子的时候，她终于攒够钱，自己开了一家店。她非常激动，专心设计"最美丽的衣裙"这个梦想。小女儿的生活充实而快乐，而与此同时她的姐姐开始随着时间的流逝慢慢变老。

小女儿的手艺和善行终于传到了皇宫里。公主出嫁的时候，她领到命令负责裁制嫁衣。嫁衣做好了，公主穿上后惊艳四方，所有的王公贵族都非常喜欢，纷纷打听是在哪里定做的。小女儿在京城中一下子成了名人，然而真正令她高兴的是，她终于做成了世界上最美丽的衣裙。可是更意想不到的是，在她给公主量体裁衣的时候，国王碰巧经过，对她一见钟情。不久后她成为了王后。王后的命运，那是家人曾经给她姐姐的预言，却在她身上应验了。只是，她现在的命运是依靠自己的努力获得的。

我们每个人在来到这个世界的时候都有一把椅子，有高有矮，有好有坏，不管怎样，这都不是最终的定局。就像故事中的小女儿最初坐的椅子绝对是不如她的姐姐，然而她没有自卑，也没有因为被忽视而抱怨，而是坐稳了这把椅子，朝着梦想的方向不断前进。

在有梦想的时候不要放弃梦想，在有机会的时候不要错过机会，在可以拼搏的时候义无反顾地拼搏。

第❺章　不知退让常会进退两难

在旅行的途中，并不是直线行进就可以到达你想要的目的地。有时候，我们不妨退一步，寻求更好的前进方向抑或是以退为进积蓄自己的力量，以便下一次的跨越。如果只知冲杀，不知退让，反而会耽误行程，使自己的目标迟迟难以实现。

不争，坦然

人多的路肯定是拥挤的路，人多的路未必就是最适合你的路。很多人喜欢随大流，看见别人走哪里，自己就喜欢走哪里，结果踏进别人的路之后，发现这条路上除了拥挤不堪之外，更重要的是并不适合自己。

与其如此，不如自己做选择，选择退出人多的路，走自己独立选择的路，你的选择带来的不仅是自我判断力，更是一份不争的坦然。

适当的退让是一份坦然和释怀

古人云："退一步海阔天空，忍一时风平浪静。"在不涉及原则的问题上，如果能以宽容之心对待他人之过，就能得到化干戈为玉帛的喜悦。对于别人的过失与过错，虽然必要的指正无可厚非，但是若能以博大的胸怀去宽容别人，会让自己的生活变得更加精彩。

　　纵观古今的许多悲剧，很多都是因为人与人之间不肯退让而造成的。然而大部分人与人之间的矛盾，其实绝大多数都是"小事"，并没大到"生死攸关"的地步，有时候甚至只是一些细枝末节不同罢了。

　　汉初大将韩信是淮阴人，年轻的时候，韩信整天在淮阴城内瞎混，淮阴屠户中有个年轻人侮辱韩信说："你虽然长得高大，喜欢带刀佩剑，其实是个胆小鬼罢了。"又当众侮辱他说："你要不怕死，就拿剑刺我，如果怕死，就从我胯下爬过去。"

　　韩信仔细地打量了他一番，低下身去，趴在地上，从他的胯下爬了过去。满街的人都笑话韩信，认为他胆小。

　　后来韩信随刘邦东征西讨，杀敌立功，刘邦封韩信为楚王，韩信返乡后召见了侮辱过他的那个屠户，屠户吓得跑地发抖，韩信扶起那位屠户并告诉手下的将士们："正是这位壮士。当年他侮辱我的时候，我难道不能杀他吗？杀了他也没有什么意义，而忍让不杀，我才有今天的成就。"

　　为人处世要心胸豁达，不要计较太多，要在生活中学会"以忘记旧恶为退，以宽容过错为进"。

　　《菜根谭》中说："人情反复，世路崎岖。行不去处，须知退一步之法；行得去处，务加让三分之功。"意思是说，世间人情冷暖变化无常，人生的路也是崎岖不平，不如意的事情有很多。当你遇到困难或前路行不通的时候，一定要明白退一步的为人之道；哪怕你的事业和生活都处在顺境中，没什么阻碍的时候，也不要得意忘形，应随时保持让人三分的胸襟和美德。做人要有一份接纳的胸怀，就像大海一样，能够接受大大小小的支流，以博大的胸怀来包容一切。

每个人所面临的社会关系不同，与家人、朋友、同事，甚至路人，在不同场合交往或接触时，总免不了会有与人意见相左的时候，这些矛盾只要不是原则性的问题，大家主动退让一步，宽以待人，少一点计较得失，这样可以减少矛盾，人际关系自然和谐，于人于己，都是有益身心的。

在生活中学着多一点退让，生命就会多一份空间和爱心，心灵就会多一份温暖和阳光，而我们前行的路才会更加宽坦。只有能够在生活中退让自如的人，才能站在云端，俯视尘世，看破三千繁华，静享清明世界。

一时的不争换来的是以后得到的更多

竞争已成为社会生活的重要部分，没有竞争就没有发展。企业之间通过竞争，求生存求发展，做大做强；人与人之间通过竞争，共同进步。竞争可以克服惰性，让人们满怀希望，朝气蓬勃，但是，竞争也容易使人在长期的紧张生活中产生焦虑，出现情绪紊乱、身心疲劳、心理失衡等问题。要把握好竞争的"度"，让它成为前进的动力而不是包袱。

人类并不是一种纯理性的动物，很多时候，人们总是会"跟着感觉走"，而不是按智慧办事。很多人的习惯是看见利益就蜂拥而上，你争我夺。假如所有的人都用一样的方式思考做事，结果肯定会互相打得头破血流，真正能得到的也一定是十分有限。

不争之争，是一种立足于长远的牺牲或退让，为了发展，牺牲眼前利益就是必要的，很多人都明白这样一个道理：所有后退都是为了前进，吃小亏是为了占大便宜。可是真正能做到的却没几个，做不到明白也是白明白。因为，不是所有人都能够拥有智慧，不是所有人都能够主动建立这样一个环境。

安安原来只是一家股份制企业的普通员工，几年前同事们谁都没把他放在眼里，可就是这样一个不起眼的人，却连连升职，让所有同事都忌妒。

安安当初应聘的时候，连薪酬都不提。上班之后，遇到别人不愿干的工作也总是他痛痛快快地接过来。大家都觉得他傻，可他却认为，领导站得高，看得准，安排得周全，听领导的话永远没错。在同事们的印象中，他从来不参与任何争权谋利的事情。

就这样3年过去了，安安工作还是很努力，但进步仍属中游，他还是那样遇事不争，一年前，公司筹备成立一家控股子公司，领导希望在公司内部提拔一个人来管理。一时间大家如八仙过海般各显神通，都在为这个职位而费神费力。

最初，领导想让总经理的亲信孟凡坐这个位置。可是孟凡这个人平日仗着自己的背景，谁都不放在眼里，背地里得罪了不少的高层。上面的领导左右权衡下来，最终还是决定让安安来挑大梁。主要原因是领导觉得他群众基础很好，没有什么野心，而且工作能力也很强，比起那些精于算计、钩心斗角、搬弄是非的人来说更加放心。再加上他早来晚归的工作态度也给上面某些领导留下了深刻印象，所以就定下了他。

故事中的安安由于其表面不争，反倒是笑到最后的那个人。不争，你就不会被人当作眼中钉、肉中刺，别人也不会去攻击你，要攻击你也没有目标。当别人争得你死我活、相持不下时，就显出你的分量了。要知道，你每打败一个对手的时候，敌人也就又多了一个，在你前进的道路上就多了一道障碍；你每帮助一个人，就多了一个朋友，多了一个拥护者。

计划＋冥想创造成绩

培根说过："敏捷而有效率地工作，就要善于安排工作的次序，分配时间和选择要点。只是要注意这种分配不可过于细密琐碎，善于选择要点就意味着节约时间，而不得要领地瞎忙等于乱放空炮。"简单来说就是做事没有计划、没有条理的人，无论从事哪一行都不可能取得成绩。

准备一个切实可行的计划

《礼记·中庸》中说"凡事预则立，不预则废"。不论做什么事，事先有准备，就能得到成功，不然就会失败。这里强调了做事之前先制订一个切实可行的计划的重要性。实际上，做事有计划对于一个人来说，不仅是一种做事的习惯，更重要的是反映了他的做事态度，是能否取得成就的重要因素。

有一个商人，在小镇上做了十几年的生意，有一天，他的生意失败了。当一位债主跑来向他要债的时候，这位可怜的商人正在思考他失败的原因。商人问债主："怎么会失败呢？难道是我对顾客不热情、不客气吗?"

债主说："也许事情并没有你想象得那么可怕,你完全可以用现在的资产再从头做起!"

"什么? 再从头做起?"

"是啊,你应该把你目前的资产好好清算一下,然后再从头做起。"债主好意劝道。

"你的意思是要我把所有的资产和负债项目详细核算一下,列出一张表格吗? 是要把桌椅、板凳、门面、地板、橱柜、窗户都重新洗刷、油漆一下,重新开张吗?"商人有些纳闷。

"是啊,你现在最需要的就是按这个计划去办事。"债主说道。

"其实这些事情我早在 15 年前就想做了,但是一直没有去做。也许你说的是对的。"商人喃喃自语道。后来,他按债主的建议去做了,几年后,他还清了所有的债并将事业越做越大!

脸迎向阳光，把阴影驱散

一个幸福快乐的小女孩趴在窗台上，看到爸爸正在埋葬她的因生病而死的小狗，那可怜而瘦弱的小狗被泥土一点点地吞噬掉，她不禁泪流满面，悲伤不已，她的祖父见状，连忙把她引到另一个窗口，让她欣赏窗外的玫瑰花园。果然，小女孩的心情因那美丽而娇艳的花朵，顿时明朗起来。老人抱起小女孩，亲切地对小女孩说："孩子，你开错了窗户！"

只是一扇窗户的区别，却带来不同的心境。人生路上，我们也别开错了窗户，如果在你的人生中看到的都是社会的阴暗面，如果你看到的都是你讨厌的不想看到的，那么你的心底就会一片黑暗，再明亮的光都照射不进去。

世界并不冰冷无情，而是人心太阴暗，容不得温暖的照射。请把你的脸迎向阳光，就不会有阴影。生活呈现给我们的本来都是两面性的，就像故事中的两扇窗户，都是真实的，关键看你想打开哪一扇。世界上没有什么事情是绝对美好的，如果一味地在意那隐藏的暗点而拒绝品尝，那么你将永远不知道阳光的美味。

大雨过后，一只蜘蛛艰难地向墙上已经支离破碎的网爬去。

由于墙壁潮湿，它爬到一定的高度就会掉下来。它一次次地向上爬，但是一次次地又掉下来……

第一个人看到了，他叹了一口气，自言自语："我的一生不正如这只蜘蛛吗？忙忙碌碌而无所得。"

第二个人看到了，说："这只蜘蛛真是笨啊，为什么不从旁边干燥的地方绕一下爬上去？我以后可不能像它那样笨。"

第三个人看到了，他立刻被蜘蛛屡败屡战的精神感动了。

蜘蛛在艰难地爬墙。第一个人看到蜘蛛的悲哀；第二个人看到了蜘蛛的愚笨；第三个人看到了蜘蛛永不放弃的精神。

同样的事情，对于不同的人具有完全不同的含义，简言之就是，事件本身是不足道的，关键在于你打算如何去解读它，或者说外界发生了什么都无所谓，你自己的内心才是你最应该关注的。如果你习惯了在阴影里看待这个世界的万物，那么你的世界也会越来越冰冷。其实，只需要稍稍走出一步抬起头，你就会发现太阳在照耀着你，照耀着万物。把脸转向太阳，你的脸上就不会有阴影。

用一颗安然之心遨游人生

世事无常，很多事情我们都无能为力，那些加诸自身的宠辱，可以是荣光，也可以是自我折磨，关键在于你的承受能力——是重重托起还是轻轻放下。

人生有得就有失，倘若事事都如人所愿，那么社会已无秩序可言。当烦恼降临的时候不妨拿出随遇而安的态势，面对你的人生，面对你目前的困境。

宠辱不惊，闲看庭前花开花落

《幽窗小记》语，宠辱不惊，看庭前花开花落；去留无意，望天空云卷云舒。一副寥寥数语的对联，却深刻地道出了人生对事对物、对名对利所应该具有的态度。一个"看庭前"，大有躲进小楼成一统，管他春夏与秋冬之意，而"望天空"三字则又显示了放大眼光，不与他人一般见识的博大胸怀。

如今的世界越来越注重结果，个人的成就越来越与客观得到的名和利直接挂钩，对社会的贡献价值会直接与得到的名利挂钩。得到的已经得到了，人的满足感、成就感基本来自刚刚获得的财富、名利，也就是增量部分才能给你实在的好感受；若是没有了增量，那么人的满足感和成就感就会日渐减少。

我们在看到自己弱点或是失败的时候都会很沮丧，甚至带着消极的情绪。其实，眼下的悲，不能说明什么，只是在说明，这个东西没有了。但，我们还是我们，还是要继续生活，往前走。

宠辱不惊，不仅是人类生活当中的艺术，同时还是一种明智的处世智慧。人生在世，生活当中有毁有誉，有褒有贬，有荣有辱，这是人生的寻常际遇，不足为奇。

19 世纪中叶，美国的实业家菲尔德率领着他的船员和工程师们，利用海底电缆把"欧美两个大陆联结起来"。此后，菲尔德被誉为"两个世界的统一者"，一举而成为美国最光荣、最受尊敬的英雄。

可是这条连接线却因技术故障，刚接通的电缆传送信号便中断，就在顷刻之间，人们的赞辞颂语骤然变成了愤怒的指责，纷纷认为菲尔德是"骗子"。面对这样悬殊的宠辱差别，菲尔德泰然自若，一如既往地坚持自己的事业。经过 6 年的努力，海底的电缆最终成功地架起了欧美大陆的信息之桥。

宠也自然，辱也自在，勇往直前，否极泰来，菲尔德之所以成了菲尔德，原因就在这里。

其实，我们大可没有必要把别人的态度太当一回事，不必因上司的一个脸色就"口将言而嗫嚅"，也不必因老板的一个眼神就"足将进而趑趄"。如果你因失宠于某人而自暴自弃，或者因受辱于某人而自怨自艾，甚或由此而做出种种极端的举动，是不是你的目光太短浅了些、胸怀太狭隘些了呢？为人处世应当拿得起，放得下，想得开。

有些人因为得到了一些物质的财富就欢天喜地，高兴得手舞足蹈；而在失去一些东西时则会痛哭流涕，情绪一落千丈。面对人生的崎岖坎坷、生活的困苦艰辛，倘若心为物役，人生的大半就会在悲观的心情中窒息心智，难以感受到生命的乐趣。

山穷水尽之时不妨随遇而安

随遇而安是一种进取，是智者的行为，愚者的借口。何为随？随不是跟随，是顺其自然，不躁进，不怨恨，不强求，不过度；随不是随便，是把握机缘，不刻板，不悲观，不忘形，不慌乱；随是一种达观，是一种洒脱，是一份人情的练达。"随遇"者，顺随境遇也，"安"者，一可理解为听天由命，安于现状；二可理解为心灵不为不如意之境遇所扰，无论于何种处境，均能保持一种平和安然的心态，并继续坚持自己的追求。前者之"安"，或许可以称之为"消极处世"，而后者之"安"，则需要一种良好的心理调节能力，甚至需要一种超脱、豁达的胸襟，这种胸襟不是人人都能做到的。

很多人执着在付出与回报的平衡关系上，付出了就要得到回报，如果没有回报，那就不值得付出。这种态度正是强求心态的思想基础。"不值得"态度很容易使人们变得急功近利，从而扰乱了心灵的平静。真正的随遇而安，是一种理智的清醒。它所提倡的不是得过且过，而是尽人事听天命，生活中很多东西，不是以人力就可以得到的。

有一盆仙人球，它曾待在一个漂亮的屋子里。然而有一天，它的主人把它送给了朋友。到了新环境的仙人球经常待在电脑旁边。但仙人球长得很慢，三四年过去了，仍然只有苹果大小，甚至还有些未老先衰的模样。

一天，主人买来一盆红、黄、绿搭配的植物，将仙人球置换下来，放在阳台不显眼的角落里。时间飞逝，两年过去了，这家主人似乎忘了仙人球的存在。

一天，当主人在阳台晾衣服时无意中低头瞥了一下，主人看到了阳台角落里伸出一枝长喇叭状的花朵，花形优美高雅，色泽纯白亮丽。

主人探下身去才发现，这朵美丽的花竟然是从仙人球上开出的。于是他立即把花盆洗干净，将仙人球放到窗台上。面对这株开了花的仙人球，主人心生愧意，仙人球从落户他家到开花，整整默默无闻了六年，六年的默默无闻换来一朝的绚烂绽放。

仙人球的那份坚持，无论环境怎么变化，都能生存，不因他人的冷漠而封闭自己。仙人球无论遭遇怎样的环境，都能开出漂亮的花，而我们要做的也是以一种随遇而安的心态去看待环境，坚守自己，也能在内心里开出一朵花。

随遇而安是一种智慧的生活态度，它可以使人保持一颗平静的心，使人能够理性地去看待生活和工作中的得与失，随遇而安的人不从众，他们独立、自我，不会为迎合别人而委屈自己。他们自信、乐观，并且不急功近利。他们思维不偏激，行事不过头，既不置别人于死地，也不对自己苛求。

随遇而安的人往往不会强迫自己。不强迫自己并不表示不思进取，不是止步不前进，更不是拒绝接受挑战，而是有所选择，抛弃那些异想天开和不切实际，客观准确地衡量自己的能力，对于能做到的事情尽全力去完成，对于自己认为正确的意见认真接受，该放弃的就要放弃，该争取的就要去争取。

随遇而安离不开一颗宽容的心。凡事顺应境遇，不去强求，不论是顺境还是逆境，人都应该保持一种乐观的生活态度。这样就可以在变幻莫测、艰难坎坷的生活中，收放自如、游刃有余，在逆境中找寻到前行的方向。

第6章 给心灵一次化繁为简的旅行

在人生的旅途中，如果你所背的行囊太多，就会影响你行进的速度，适当舍弃一些不重要的东西，把身体释放开来，这样脚步便会轻盈，整个人也精神、阳光了起来。

将役心之物通通丢掉

在人生的旅途中我们总要背上很多的行囊，可是背负得越多，背部承受的压力也会越大，要想轻松愉悦地前行，就应该时时查看自己的行囊，丢掉那些役心之物。

人生要懂得舍得之道，不要觉得丢掉那些役心之物，你会有损失，你丢掉的那些之后，人生之路将走得更加轻快、更加矫健。

丢掉役心之物，给人生带来轻松

当我们不知不觉地将交通工具异化为身价砝码，当我们变本加厉地给孩子的教育加码，当我们推波助澜地助长"房子崇拜"时，是否想过，这当中也折射了我们内心隐秘的欲望：孩子的未来承载了我们对成功的渴求，房子成为我们居住城市的象征。物质的洪流漫过心灵的堤防，使得我们忘记了仰望星空，忘记了默观内心，忘记了幸福感真正的来源。

亚里士多德说："幸福还是不幸福，取决于人的自我灵魂。"这句话对渴望幸福的人们是一种有益的提醒。人的幸福感，不仅需要靠社会创造的各种"发生条件"，同时也要依靠个人内心的积极营造。其实，让我们心灵受累的，何止物质？除此之外还有错误的观念，解不开的情结、一些消极的情绪，总会影响我们的生活。学会面对、学会丢掉，才能收获一份幸福和轻松。那么我们应该丢掉的东西是什么呢？

1. 丢掉自卑

把"自卑"二字从你的字典里删去吧。我们虽然成不了伟人，但可以成为内心强大的人。内心的强大，能够稀释一切痛苦和哀愁，能够有效弥补你外在的不足，能够让你无所畏惧地走在大路上，相信自己，找准自己的位置，你同样可以拥有一个有价值的人生。

2. 丢掉消极

如果你想成为一个成功的人，那么，请一定要为"最好的自己"加油，让积极打败消极，只要你愿意，你完全可以一辈子都做最好的自己。在自己的战争里，你就是运筹帷幄的将军！不是所有的梦想都能成为美好的现实，但美丽的梦想同样可以装点出生活的美丽。

3. 丢掉烦恼

所谓练习微笑，不是机械地动用你的面部表情，而是努力地改变你的心态，调节你的心情。学会坦然地面对厄运，学会平静地接受现实，学会积极地看待人生，凡事都往好处想。这样，阳光就会照进心田，驱走黑暗，驱走恐惧，驱走所有的阴霾。

4. 丢掉压力

心灵的房间，经常不打扫就会落满灰尘，会变得灰色和迷茫。我们每天都要经历很多事情，心里的事情一多，就会变得杂乱无序，然后心也跟着乱起来。所以，扫地除尘，能够使黯然的心变得亮堂；把事情理清楚，才能告别烦乱；把一些无谓的痛苦扔掉，快乐就有了更多、更大的空间。

5. 丢掉抱怨

所有的失败都是为成功做准备。抱怨和泄气，只能阻碍成功向自己走来的步伐。抱怨无法改变现状，拼搏才能带来希望。不要总是烦恼生活。不要总以为生活辜负了你什么，其实，你跟别人拥有的一样多。

6. 丢掉犹豫

认准了的事情，不要优柔寡断；选准了方向，就只管前进。机遇就像闪电，只有快速果断才能将它捕获。立即行动是所有成功人士共同的特质。如果你有什么好的想法，那就立即行动吧；如果你遇到了一个好的机遇，那就立即抓住吧。立即行动，成功无限！

7. *丢掉狭隘*

宽容是一种美德。宽容别人，不仅是让路给别人，同时也是给自己的心灵让路。要想没有偏见，就要创造一个宽容的社会。要想根除偏见，就要首先根除狭隘的思想。只有远离偏见，人与人之间才会和谐。

8. *丢掉懒惰*

不要总是一味地羡慕别人的绝招和绝活，通过恒久的努力，你也完全可以拥有。因为，把一个简单的动作练到出神入化，就是绝招；把一件平凡的小事做到炉火纯青，就是绝活。

当丢掉了上面的这些繁杂役心之物，我们便能获得快乐，并且还要把自己的快乐分享给朋友、家人甚至素不相识的陌生人。

自卑之人，永远活不出自己的本色

每个人在不同的时期，都会产生不同程度的自卑心理。任何人都无法做到没有一丝缺陷，完美主义者更容易产生自卑的情绪。自卑是自我挫败的源头。我们很容易因为自我条件不足而产生自卑心理，这就给你的工作、感情等方面造成很大的阻碍。我们无法保证自己不犯错误，也不可避免地存在各种弱点和不足，与那些看似成功的人相比，我们有太多的缺点和不足，但如果我们背上自卑的包袱，就会被自己打败，丢掉本来属于自己的幸福。

女孩 23 岁，身边有一位成熟稳重、经济条件不错的男人一直密切关注着她——她的上司。女孩很敏感，对上司的关注怎么会不知道呢？然而，由于潜意识里的自卑感在作祟，她总是不肯也不愿给他表白的机会。她在心里发誓：我要做他身边最优秀的女人，将其他女人比下去，然后才坦然接受他的爱。

此后，她拒绝了他的一切邀请，专心苦读，终于考上了她一直向往的、他曾经就读过的那所著名学府的研究生。当他提出送她去上学时，她拒绝了，她觉得自己已经不是一个不谙世事的小丫头，而应该是一个高分高能的天之骄女。她要借助任何一次机会锻炼自己，为的是将来有一天能够与他并肩站立，成为他的同行者而不会自惭形秽。在读研期间，她潜心做学问，又多方锻炼自己的心智，她变得那般出类拔萃，导师建议她继续读博士。于是，她又花了三年时间读完博士。院里挽留她，并允诺送她出国，而她却无心这些，想让他看到自己经过这六年时间变得如此优秀的愿望显得那么强烈。

六年后的她，终于带着美好的期待飞回到他所在的城市。这一次，是她主动约的他，她想向他显示：自己有足够的能力成为他的帮手；她还想让他意识到：她有了做他好太太的完美条件。然而，他们在咖啡屋里还没说几句话，他的手机就响了，他接起来："啊？儿子又发烧了，好，你别着急，我这就回去送他去医院。"然后，他略带歉意地对她说："我儿子生病了，我太太很紧张，现在他们很需要我在他们身边，我们以后有空再聊，好吗？"她顿时晴天霹雳，她只能机械地回答："好！"除此之外，她还能说什么？做什么？

她固执地认为只有自己足够优秀，才能够配得上他！然而，当有一天她真的觉得自己足以匹配那个优秀的男人时，才发现幸福早已不在自己的身边。优秀固然很重要，可是比起得到幸福来说，就显得微不足道了！

我们的生活是一面镜子，你冲它微笑，它也冲你微笑；你冲它发怒，它也会以同样的方式反击你。面对困境不要自卑，学着微笑吧，这个微笑是对自己的一种鼓励、一种自信。只有敢于面对生活，敢于面对困境，才能摆脱自卑的骚扰，才能成为命运的掌控者。

简单旅途，简约快乐

人生不只是有加法，同样也缺少不了减法，学会给生活做减法，可以简化你的状态、你的身心。人生是加法，从开始的无到有，人们为自己背负了许多，然后背负着这些负重走到什么时候会停歇呢？

"天下熙熙皆为利来，天下攘攘皆为利往"，来来往往的为了一个利停不住脚，到头来只让身体劳顿疲惫，心灵着上忧容之色。减缓脚步，松弛神经，将牵绊自己的移开，将压力的放下，将忧虑倾出，身心自在地活着，便是减法人生。

用减法思考，过简约生活

城市的生活让我们无法止步，我们一直生活在持续的加法中。多，还要更多；好，还要更好。事实上生活的幸福感并不能完全借由物质的丰裕程度来衡量。大房子、好车子、更多的财富，未必能带来更多的幸福，反而常常因为拥有得太多，生活太过复杂，反而让自己被欲望束缚。

生活是需要做减法的，那是一种让生活尽量简单化的状态。现实中，生活要求太高，就会复杂起来，烦脑也随之增加了很多，生活不需要折腾，越简单越好。上升到精神层面的话，就是要常常倾听自己内心的声音，懂得化繁为简、享受幸福的能力。减法生活不是单调、枯燥，而是要寻求一种让生活舒服的适度节制。

人之所以痛苦，是由于希望得到的太多、太繁杂。作为凡夫俗子的我们，虽然做不到"无求自安"，但是起码可以采取"减法"——当自己痛苦的时候，要勇于删除一些需求。

一个商人辛辛苦苦地忙了大半辈子，终于富甲一方。他终于不用再捉襟见肘，不用再斤斤计较。富商攥着大把的金银珠宝，破天荒地想给自己一次完全放松的机会。于是，他来到一片海滩上，准备静静地晒一晒太阳，享受一下大自然的美好。可是，已经习惯了在商场上拼杀的他，猛然这样一停下来，心里反而感到了百无聊赖的烦躁。

正在这时，富商看到了在不远处，一个衣着破烂的渔夫正在海滩上懒洋洋地晒着太阳，表情安详，嘴角微微上扬，一副怡然自得的样子。

富商见状，便好奇地走上前去问他："你不去工作，就这样浪费时间，怎么还会觉得高兴呢？"

渔夫反问道："我为什么要去工作呢？"

富商觉得渔夫的想法太不求上进了，解释说："努力地去工作，这样才能挣到足够多的钱，然后才能有钱出来到海滩上旅游，享受阳光啊。"

渔夫轻轻地笑了笑，依然不急不恼地问富商："享受阳光？我现在不就是在海滩上晒太阳吗？"

这个故事虽然不现实，却能从另一个层面指出一个大家都面对的问题：人生不应该太满满当当。太满便没有空间去享受生活，会让心灵衰老得很快。

对人生做减法，并不意味退步，化繁为简做减法主张剔除生活中可有可无的负累，不让生活终日忙忙碌碌，不被物欲所驱逐，不被名利所左右，不让健康跟不上我们的步伐。

不想交的朋友舍掉了，不想做的事情拒绝了，不想去的聚会推辞了……还原生活的本真，真实体验生活中的自由、轻松和属于生命自身的意义。有节奏地适当放慢脚步，给生活多做减法，生活才会从容，身心才会舒畅。

放掉不快乐的理由，给人生减压

有的人工作轻松、自由、压力小，但工资有点低。如果想要感到快乐，就不要老盯着工资低不放，应该多想想——自己多自在啊！反过来，有的人工资很高，但压力很大、不自由，如果想感到快乐，眼睛就不能老盯着"压力大"这个条件不放，而应该多想想——自己的工资待遇是大多数人所没有的。

上天不可能把什么都给你。我们总是觉得不快乐那是因为总是紧紧抓住不快乐的理由，无视快乐的理由。当你感到实在承受不了的时候，要及时给自己减压。

活得累的人很少有幽默感，因为他不敢去嘲讽或善意地笑一笑，更不会放松一下自己，唯恐别人以为自己对生活不严肃。活得累的人就像永远戴着一副面具，这副面容在人前谨小慎微，在人后愁眉苦脸。真是太累了，让人喘不过气来。活得累的人身上就像穿着一件厚重的铠甲，既不能活动自如，又不能脱去它，因为它太沉了，压在身上如重千斤。

既然活得累是件很痛苦的事，那么我们为何不换一种活法，活得轻松、幽默一点，去感受生活中的阳光，把阴影抛在身后。

美国富翁柯克，51 岁的时候用完了所有的财产，他只得又去经营、去赚钱。没多久，他果然又赚了很多钱。他的朋友因此很奇怪，问道："你的运气为什么总是这样好呢?"

柯克回答说："这不是我的运气，而是我有自己的秘诀。"

朋友急切地说："你的秘诀可以说出来让我们听听吗?"

柯克笑了："当然可以，其实也是人人可以做到的事情。我是个典型的乐观主义者，无论对于什么事情，我从来不抱悲观态度。哪怕是人们对我讥笑、恼怒，我也从不变更我的想法。并且，我还使人快乐，这样我总是获得成就。我相信，一个人如果常常向着光明和快乐的一面看，就一定可以获得成功。"

生活对于每个人都是公平的，对谁都是一样的，没有绝对的幸运儿，也没有完全的倒霉蛋。你有不幸，他也有烦心事;别人有好机会，你也会有好运气。所以，千万别把自己想得那么悲惨，更不要把自己缠绕进自己编织的网中，挣扎不出来。

生活在这个世界上，你要为衣、食、住、行去奔忙，要去应付各种各样的事，要去与各种各样的人打交道。谁也保证不了你下一个会遇见什么样的事情以及什么样的人。不要让自己长期生活在紧张、压抑之中，不要让自己的弦绷得太紧，别活得那么累。必要的时候，放松一下自己，活得轻松一些。其实，别人并不在意你，他们在意的只是他们自己。

可是现实生活中，偏偏有很多的人很在乎别人对他们的看法。

其实，很多人的太多烦恼，只是自己杯弓蛇影的自恋和自虐而已。你的所有的担心和疑惑，都是自己内心的猜测。在别人的心中，其实并不那么重要。

人生中那么多的事，大家连自己的事都处理不完，哪有闲工夫去关心别人的事情。只要你不对别人造成伤害或是损害了别人的利益，没有人会对你的失误或尴尬太在意。第二天太阳升起的时候，也许别人什么事都不记得了，只有自己还耿耿于怀。所以你要明白，在别人的心中，你并没有那么重要。

让心灵之旅开遍快乐的花儿

"简单的生活"衍生了快乐，快乐只喜欢与"简单"待在一起。你变得越复杂，就会离快乐越远。不要把生活想象成复杂的样子，也不要把生活过得复杂，生活其实很简单。

现在社会如此复杂，复杂的不是社会，而是人心，如果每个人都能保持一颗简单之心，那么社会也会变得更加简单，人心也会变得更加单纯。

快乐会在简单的旅行中遍地开花

一项关于美国社会的统计显示，一对夫妻一天当中有 12 分钟时间进行交流和沟通；一周之内父母只有 40 分钟与子女相处；有将近一半的人处于睡眠不足的状态。时间的危机实际上是感情的危机。人们好像都十分繁忙，每天都在为一些大事疯狂地奔走，然后疲惫不堪，没有时间顾及其他。大家都在不停地劳动，都在不断地创造，但是，生活真的变好了吗？变得更快乐了吗？

在习惯的支配下，我们对这个嘈杂的世界、混乱的时空没有感到什么不舒服的，或许只有到临终的时候，才会悲哀地发现，自己的一生，原来是这么的不快乐。那么快乐是什么呢？答案是快乐来源于"简单生活"。

有人问："简单生活"是不是意味着苦行僧般的清苦生活，辞去待遇优厚的工作，靠微薄存款过活，并清心寡欲？美国著名心理学家皮鲁克斯说："这是对'简单生活'的误解。'简单生活'意味着'悠闲'，仅此而已。要做到收支平衡，不要让财富给你带来焦虑。"无论是企业家、工人、教师，还是业务员，都可以生活得尽量悠闲，在过"简单生活"这一点上我们人人平等。

简单，是平息外部的喧嚣，回归内在自我的最佳途径，当我们为了一次小小的提升，而默默忍受上司苛刻的指责，并一年到头赔尽笑脸；为了无休无止的约会，精心装扮，强颜欢笑，到头来回家面对的只是一个孤独苍白的自己的时候，我们应该问问自己这是在干什么，它们真的那么重要吗？

简单的好处在于：你再也用不着在上司面前唯唯诺诺，你自己就是自己的主人，提升并不是唯一能证明自己的方式，很多人从事半日制工作或者是自由职业，这样他们就有更多时间由自己支配。你没有海滨前华丽的别墅，可以租一套干净漂亮的公寓，这样你就能节省一大笔钱来做自己喜欢的事。如果你不是那么忙，能推去那些不必要的应酬，你将可以和家人、朋友多聚聚多聊聊。人们总是习惯于把拥有物质的多少、外表形象的好坏看得过于重要，用财富、精力和时间换取一种有目共睹的优越生活，却没有察觉自己的内心在一天天枯萎。

其实，只有真实的快乐才能让人真正地容光焕发，当你只为快乐的自己而活，而不在乎外在的那些所谓的虚荣，快乐幸福感才会润泽你干枯的心灵。

其实生活很简单，平平淡淡才是真

所有的东西都可以虚假，只有生活才是最真实的。我们都希望自己的人生散发出耀眼的光环，都希望自己有一段不平凡的生活，拥有一段惊天动地的爱情，事业上获得惊人的成就。可是当一切光环都消失的时候，剩下的却是本色的生活状态。生活就是柴米油盐，生活就是平平淡淡地过完每一天……

生活很复杂，也可以化繁为简。生活不怕困难的日子，只怕没有真情存在，生活不怕平淡的日子，只怕生活的感觉不真实。然而人们的思想一旦变得复杂起来，就不会满足于现实的生活，总是追求更高更好的生活层次，在情感上也想拥有得更多，这时生活的烦恼也会随之而来……

生活其实很简单，上班的时候，我们努力地工作。下班的时候，我们按时下班。下班回来，做几个自己喜欢吃的小菜，然后有滋有味地享用。如果工作忙，就简单地吃个快餐。节省下的时间看自己喜欢看的书或者睡个甜甜的觉。

生活其实很简单，累了的时候就休息。饿的时候就吃饭。困的时候就睡觉。烦恼的事情不去想，当烦恼向我们袭来，实在没办法解决的时候，倒头就睡，什么也别想。

生活其实很简单，听从内心深处的呼唤，追求心灵所需要的快乐生活，这种快乐是心的宁静与安详。快乐着自己的快乐，幸福着自己的幸福！给自己留一份自由的空间！

生活其实很简单，对待家人要多关心、多体贴，对待孩子要多爱心，对待老人要多孝心，对待爱人要多理解，对待朋友要多真诚，与人相处诚心相待。

生活其实很简单，过自己的生活，不羡慕别人，羡慕只会增加自己的烦恼。快乐是一种心态，是自己控制的。

生活其实很简单，不要爱慕虚荣，不要和别人攀比，过自己的生活。保持一个良好的心态，不要让自己的心境受外界的影响，淡定从容，宠辱不惊，抛开一切的诱惑和迷茫。

生活其实很简单，有许多你牵挂的人，也有许多牵挂你的人！细心感受，学会理解和宽容。珍惜亲情、友情以及爱情，学会放松，那样的你一定很快乐！你也一定会有一个精彩的简单生活！

第7章　孤独是人生独有的风景

孤独不仅是一种状态，更是一种人生的修为。独处并没有什么不好，除了寂寞之外你也会发现意外的惊喜，当你全身心地沉浸在孤独之中，你会在独处中享受清静，会在独处中倾听心灵的声音。

独处是一种独到的修行

有的人害怕独处，总是希望身边有很多人的陪伴。其实，只有独处时我们才有空不断地思考自己，在思考中不断进步，也就是说，独处对于我们来说是一种独到的修行。

如果你存在于一个热闹的场景中，你根本无暇去思考，你的整个思维会被热闹充斥，从而丢掉了冥想。修行之人，只有独处才能静心，才能悟出人生的真理。

独处是一种独到的修行

独处是一种能力，并不是所有的人在任何时候都可具备的。具备这种能力并不意味着不再感到寂寞，而在于安于寂寞并使之具有生产力。人在寂寞中有三种状态。一是惶惶不安，没有头绪，百事无心，一心逃出寂寞；二是渐渐习惯于寂寞，安下心来，建立起生活的条理，用心做事来驱逐寂寞；三是寂寞本身成为一片诗意的土壤，一种创造的契机，诱发出关于存在、生命、自我的深邃思考和体验。

独处是生命中的美好时刻和美好体验，独处虽然寂寞，可是寂寞中却又有一种充实。独处是灵魂生长的必要空间，在独处时，我们从别人和事务中抽身出来，回到了自己。

我们独自面对自己和人生，开始了与自己的心灵以及与宇宙的神秘对话。一切严格意义上的灵魂生活都是在独处时展开的。和他人一起谈古说今，引经据典，那是闲聊和讨论；唯有自己沉浸于古往今来大师们的杰作之时，才会有真正的心灵感悟；和别人一起游山玩水，那只是旅游；唯有自己独自面对苍茫的群山和大海之时，才会真正感受到与大自然的沟通。

心理学认为，人之所以需要独处，是为了进行内在的整合。整合，就是把新的经验放到内在记忆中的某个恰当位置上。唯有经过这一整合的过程，外来的印象才能被自我所消化，自我也才能成为一个既独立又生长着的系统。所以，有无独处的能力，关系到一个人能否真正形成一个相对自足的内心世界，而这又会进而影响到他与外部世界的关系。

如何判断一个人究竟有没有他的"自我"呢？有一个十分可靠的检验方法，就是看他能不能独处。当自己一个人待着时，你是感到百无聊赖，难以忍受呢，还是感到一种宁静、充实和满足？

独处与一个人的性格没有一点关系，爱好独处的人同样可能是一个性格活泼、喜欢朋友的人，只是无论他怎么乐于与别人交往，独处始终是他生活中的必需。

心灵有家，生命才有路。学会独处的人，心智才能够成熟；学会独处的人，心胸才能够豁达；学会独处的人，才能领悟到生活的深邃。独处让你更清楚自己的价值，独处让你更了解自己的需要，独处帮助你用旁观者的眼光看待自己的故事，独处让你更快乐、更加珍惜友谊，独处让你在安静中体味生活……

人生是一场旅行，在人生路上，很多时候是要一个人走的，有时是自愿，有时是无奈。但无论如何，学会独处都可以让你在最快的时间内找到生活的乐趣。

学会了独处，向着成熟迈出坚实的一步

独处，是个体从繁杂的外部环境，从纷扰的人事中抽身而出，回归自我的情态；是个体正视自我，不逃避、不急躁，平和地体验与理解自我的心态；是个体凝视自己的内心，聆听自己的声音，寻求自己的心思、意念，袒露自己心迹的状态。

当个体独处时，他会倾听自我内心的声音，会与自己对话。心底浮起的声音如同晨曦中的微光，虽力度不大，却足以震撼他

的心灵。被这股柔软细致的声音光顾之后，个体会往深处回顾自己的经历，反思自己的历程，然后张开双臂，拥抱自己不远处的未来。独处至极，还会感悟着自己人生的过去、现在与未来。"我是谁？从哪里来？到哪儿去？"会以哲学的命题叩问自己的灵魂，让心灵尝试着回答，获得生命的信息。

一个经常独处的人，内心一定不会贫乏。他对生活的感受与体验力会过于不常独处者，独处中所累积的自我意识会在言语中释放。很多人话语贫瘠，文字苍白，主要原因是与不会独处有关。独处的奥秘就在于让你直逼自我，以自我审视的方式认识自己、呈现自己。以独立、完整的个性融入大千世界、芸芸众生，你就不容易迷失自我，因为你拥有自我。

我们须学会独处，独处是一种心态，自己要面对自己，认识自我，清楚自我，这一切结果都只为超越自我，尊重自我，调整自我。独处是一种享受，一种境界，一种超脱，而这一切都决定人是否能够发现自己就是一个奇妙的世界，会为找到自己而激动万分。在独处中我们不会指望别人来做我们的救世主，在独处中，我们将抛却纵欲与羁绊。于是，我们强大，我们坚硬，我们成熟，我们岿然不动地获得了韧性与力量，再也不用害怕风雨的洗礼和击打。

孤独是一处绝美的心境

孤独并不可怕，拥有孤独，才会有意想不到的灵感和思维，才会有意想不到的收获。

孤独是一种乐趣，一种不同于与朋友谈笑的乐趣，一种无法向他人解释的乐趣。当你感到孤独的时候，你可以随心所欲，不必顾虑他人的眼色。这份自在，足够可以让自己的身心彻底放松。感受这份自在，便是孤独的一大乐趣。

孤独是一种心境

孤独是什么？有人说孤独是一种幸福，是一种享受，更是一种绝美的心境；有人说孤独是一种感觉，一种情绪；也有人说孤独是一种个性的浓缩，一种寂寞的悲哀，是一种欲盖弥彰的表现。

其实对于孤独更确切的说法是一种心境。那些整天为世间的得失忙忙碌碌的人，根本不会体验到人生还会有一种东西叫孤独；那些沉湎于浮躁和焦虑中的人，是无法体会到孤独者所拥有的那种独特的滋味。只有平和而心静之人，才能体会到孤独是一种难得的心境。

当孤独来临的时候，冲一杯浓浓的咖啡，静静地坐在沙发上，耳边响起 CD 机里传来的轻柔音乐。闭上眼睛，将头懒懒地仰在沙发背上。思绪中，会出现你一直幻想的场景。此刻，我们真正地享受了这份宁静，生命此刻暂时停止了，忘记了忧愁与烦恼，忘记了名利与仕途，更忘记了耳边还飘荡着柔美的音乐。

看着夜色中的一切，借助城市璀璨的灯光反射进房间里的亮光，享受着这份宁静的孤独。打开封闭的窗户，使封闭的自己放飞发霉的积郁，让生命流动着青春的气息，让漠然的心灵生出几许怀旧的温暖，点燃点点滴滴的情感。

如果把人生比作是一次旅行，那么孤独就是一杯冰水，在凉爽与清冷之间放射出自己的纯洁，没有任何的杂质，也没有污染，是一种清静幽雅的美。孤独的时候，没有了喧闹的杂乱，没有人来打扰你的思绪，也不会因冲动而留下遗憾和后悔；处在孤独中能让我们平和，让我们冷静，让我们思考，让我们稳重，让我们耐心，让我们有着一种超越世俗之感，让我们懂得聆听心语，让我们感受这不易察觉的美。这时候就做自己喜欢做的事情吧，你可以轻吟一首诗，和文友共同抒发诗情画意，也可以欣赏一篇名人佳作，与小说中的人物共同经历悲悲喜喜，聆听一些古典音乐，陶冶自己的情操，也可以实践探索，总结生活中的一点一滴，有着超乎常人的稳重和耐心。

有的人面对孤独的时候往往表现得不知所措，于是会去求助友谊，梦想爱情，渴望自己的手被另一双手紧握，渴望灿烂的笑容充实荒漠的心域。其实人在孤独的时候，总是在怀旧中感受和品味曾经的生活，这时候，总是会想起曾经的故事，心情也就随之起起伏伏，悲伤的、挥不去的记忆就填满了心底，于是，悲哀着自己的悲哀，感伤的情怀就扩展开来，此时需要找一个不受外界干扰的空间，自己面对自己，敞开自己心灵深处的角落，慢慢去想，想一个结果。

孤独的人并不是不被他人接受和理解，也不表示生活会落寞。孤独中的人可以寻找到最初想要的本真；可以感受自己的坚强信仰；可以感受人生的悲喜与无奈；也可以知道怎样去切换生活的态度。别害怕孤独淹没了你，因为孤独不是河，它是你的空间。你可以在那里找回很多久违了的感受，也可以在那里找到你心灵出发的新起点，找回你生命中最想要的东西。

孤独的乐趣并非人人都能享受。孤独能让一个人脆弱，也可以让人坚强，它可以毁灭一个人，也可以造就一个人。有的人虽然天赋极高，才华横溢，却不能面对孤独的生活。所以，他只能在空虚中逐渐消沉，在寂寞中渐渐走向死亡。耐得住孤独的人大都胸怀大志，意志坚定，他们把孤独当作一种考验和挑战，顽强地与人生的困苦抗争，默默地进行艰苦的创造性劳动，这样，终究会有所建树的。

学会享受孤独之美

在我们的传统观念里，一提及孤独，人们往往觉得可怜可悲，"形影相吊"、"孑然一身"等词语会迅速窜入我们的思想中。这其实是浅层次的感受。真正深层次的孤独，是一种修养，是心灵的宁静，是灵魂的洒脱。一个人默默地做着自己喜欢的事情，认真工作的时候，是不孤独的，这个时候孤独也是一种美丽。

有的人即使长期孤灯独处，过得也很充实；有的人即使夜夜狂欢，心里也有无边的寂寞。关键在于你的精神世界是否充盈。雨果说："孤独是一笔财富。"从另一意义上说，学会孤独、拥有孤独也是一种福气。面对窗前明月，泡上一杯清茶，翻阅一卷好书，听一曲清幽古乐，任情遨神游，让人生少些浮躁和媚俗，多些平静和安详，难道不是一种享受吗？

每一个站在最高处的英才，都是在人生的旋涡中耐得住孤独的人。刘勰终生与大自然为伴，就是这种孤独成就了开中国文艺理论先河的《文心雕龙》；齐白石说："画者，寂寞之道。"他十载关门，研究画法，声言"饿死京华，公等勿怜"，最终成就了一番事业；23 岁就获得哲学硕士学位的黑格尔，躲在偏僻的伯尔尼当了 6 年家庭教师，在孤独中摘抄了大量卡片，写了大量的笔记，最终成为德国古典哲学集大成的伟大理想家和美学家。

孤独对很多人来说，往往是一种难以忍受的情感，是一种感到自己情感无法沟通，孤立无援的心理感受。善于孤独者可以保持独创精神及与众不同的思维，因为孤独的人不为别人的意见、习惯、判断所左右，从而在自己的事业上有所建树。

所以，主要的是如何对待孤独。当你把孤独当作尊贵的天使加以迎接时，它便成为宁静，你可在宁静中唤起记忆的甜蜜，或在独处中得以超脱，激发创作的火花，或用它来梳理纷乱的情感，重新步入正常的轨迹。

在寂寞中，与灵魂交流

曾经西方有位哲人在总结自己一生的时候这样说："在我整整 75 年的生命中，我没有过过四个星期以上真正的安宁日子。我的一生只是一块时刻推上去又不断滚下来的岩石。"所以，追求宁静，或者是追求寂寞对许多人来说成了一个梦想。

寂寞不是失意、伤感、无所为、消极

现实生活中，有很多的人害怕寂寞，时时借热闹来躲避寂寞，麻痹自己。红尘万丈，已经很少有人能够固守一方清静，独享一分寂寞了，更多的人脚步匆匆，奔向人声鼎沸的地方。殊不知，热闹之后的寂寞更加寂寞。可见寂寞并不是每个人都会享受的。

很多的人总是会把失意、伤感、无所为、消极等与寂寞连在一起，认为将自己封闭起来就是寂寞，其实并非如此。倘使如此般去生活，不仅会限制心灵的成长，还会与现实产生隔阂，让人更加逃避生活。

而懂得了寂寞，便能从容地面对黑暗，将自己化作一杯清茗，在轻啜深酌中渐渐明白，不是所有的生长都成熟，不是所有的欢歌都是幸福，不是所有的故事都会真实。

当寂寞来临的时候，轻轻合上门窗，隔去外面喧嚣的世界，默默独坐灯下，平静地等待身体与心灵的一致，让自己从悲观交集中净化思想。静静地用自己的理解去解读人世间风起云涌的内容，思考人生历程中的痛苦和欢悦。当你真实乍窥了人生的丰富与美好，生命的宏伟和阔大，让身心平直地立在生活的急流中，不因贪图而倾斜，不因喜乐而忘形，不因危难而逃避，你就读懂了寂寞，理解了寂寞。于是，寂寞不再是寂寞，寂寞成了一首诗，成了一道风景，成了一曲美妙的音乐；于是，寂寞成了享受，使我们终于获得了人生的宁静。这是寂寞的净化，它让人感动，让人真实而又美丽。

寂寞是人们心灵的避难所，会给你足够的时间去舔舐伤口，重新以明朗的笑容直面人生。只有对未来进行抗争的人，才会有面对寂寞的勇气；昔日拥有辉煌的人，才有不甘寂寞的感受。为了收获而不惜辛勤耕耘流血流汗的人，才有资格和能力享受寂寞。

寂寞是一种难得的感受，只有在寂寞的时候，你才能静下心来悉心梳理自己烦乱的思绪；只有在寂寞的时候，你才能让自己成熟。

　　寂寞是一种心境，氤氲出一种清幽与秀逸，思绪逃离了城市的喧嚣，营造出一种自得和孤高，去获得心灵的愉悦，获得理性的沉思，与潜藏灵魂深层的思想交流，找到某种攀升的信念，去换取内心的宁静、博大致远的境界。

第❽章　不要掉入固执的黑洞

　　路就在脚下，只要想出发，没有到不了的地方，前提是你行走的方向必须要正确，朝着反方向只能越行越远。人生中没有什么既定不变的东西，所以我们要有一颗善于变通的心。

给心灵找到平衡点

心灵的平衡需要我们在工作和生活中，任何事做到不偏不倚、恰到好处。这样虽然很难，但我们可以通过寻找其中的平衡点一步步实现。在完美与不足之间，在得与失之间，在物质与精神之间，在感情与理智之间，在工作与休闲之间，如果找到了心理平衡点，就会增强自我承受能力、应变能力，使自己少些烦恼、多些快乐。

平衡的心灵才能创造和谐

虽然平衡是个中性词汇，但从平衡这个词中却能读出一种和谐之美。世间的万事万物似乎都在追求平衡，拒绝失衡。男人与女人数量要平衡，我们对营养的补充要均衡，地球上的生态发展要平衡，晴雨天要平衡……所有的一切，只要趋于平衡了，就很容易和谐，若失衡了，会不利于事物的健康发展。

体操运动员站在平衡木上，必须平衡了，才不会跌倒下来；

骑自行车的时候，我们也要掌握好平衡，才不会摔倒。在菜市场买菜的时候，卖菜的人会尽可能让天平平衡，不论倾向哪一方，都会有一方不接受，只有平衡了才皆大欢喜。

我们要保持心灵的平衡，需要给欲望和诱惑划定界限。这世界有太多喧嚣也有太多诱惑。多少人深陷其中，不知不觉中给自己捆上一条条绳索，或者把一副副枷锁强加于身，被折磨得身心疲惫，以致丧失了快乐。

古往今来人世间的多少悲剧都是源于失去了心理的平衡，而心灵的平衡则意味着人生的幸福。文学家苏东坡被朝廷一贬再贬，却一直活得自在快乐，他的平衡点是"无官一身轻"，不能朝中当宰相，可以在乡野自由地饮酒做诗与交友；李嘉诚财富越积越多，却没有因财富招灾惹祸，他的平衡点是"为富可仁"，把财富分给别人，多做慈善事业；霍英东和何鸿燊能合作40年，他们的平衡点是"友谊重于财富"，在利益分配上吃亏并不是什么大事，没有友谊就没有合作，没有合作，利益就是零。

找到心灵平衡点，其实就是学会心理调节。好比一个天平，无论哪一边重，都可以通过调节使它保持平衡。在如此激烈的社会中，有的人实力就是比你强，你们的力量是不平衡的，但是你完全可以通过调节，找到平衡点，放弃一些东西，去赢得自己所需要的。

　　心灵平衡的过程是考虑得失的过程，关键在于我们如何掌握和取舍。坐在一个宁静的空间，问问自己真正需要什么？喜欢什么？逃避什么？为何活得这么累？为什么患得患失？你的心还能被什么所激动？在这样一系列的追问中，人们经常会发现真实的自己，并感受到心灵的成长和平衡。

　　有的人总是很忙，每天早出晚归，工作排得满满的，几乎没有空余的时间。显然这不是一种健康的工作和生活观念，工作和生活应该有一个平衡点。让心灵平衡也能让生活更美好，为此我们可以通过以下途径来实现。

　　第一，有计划地安排好时间日程。

　　经常使用日历记事或者能够坚持日程表的人可以更好地调理自己的工作和生活。假如事先为一周所有重要的事情安排好大块的时间段，就可以保证你拥有业余时间并做任何想做的事情。建议不要把自己的时间安排得太满，最好在整块时间之间留点空余，否则你会因为前一件事情拖太久而不得不放弃后面的一些计划。

　　第二，确定时间，把任务限制在一定的时间范围内。

　　失去平衡总是因为工作或生活超出了一定的范围。倘若你每天都工作10~12小时，设置一个每天8小时的时间限制并坚持执行。如果你有一个比较灵活的日程安排，甚至可以考虑再缩短工作时间，努力为自己提供更大的自由时间。只要你设置了时间限制，你总能在规定时间内完成必要任务。这就意味着减少不必要的任务，不做浪费时间的事情。

第三，要懂得生活，记得与家人和朋友约会。

与家人和朋友约会并不是喊口号，而是要有实际的行动。这里指的约会其实就是安排一个时间定期做些事情。可以是与配偶或心仪对象的浪漫约会，或者与朋友或孩子或其他家庭成员的普通约会。也不一定要花很多钱——可以是很简单的事情，如一起在公园里散步或一起玩棋牌游戏，或为对方做饭或捧着爆米花一起看 DVD。

第四，要学会爱自己，不要忽略了自己的心灵需求。

我们经常为家人或其他亲人留出时间，往往忽略了自己。因此，也要为自己预留一些时间，一个人做些喜欢做的事情，如阅读和跑步，或者做手工或思考或瑜伽或步行或冲浪或其他的事情。只要定好时间，不要错过这个时间！

第五，时常反省自己，定期检查自己的生活。

在独自一人的时候进行反思，有助于我们看清现实生活的节奏、目标和意义。经常自我反省是一种很好的习惯也是很好的方式。思考你的生活会怎样，如何花费你的时间，并决定是否需要作出改变。

放下完美主义，不要苛求自己

每个人都有自己的价值观，每个人都有人格和性情中的先天优势和不足，关键是看你以什么样的态度看待问题，以什么样的方法处理问题。那些名垂青史之人，并不是每方面都是优秀的，只不过他们的某一项成就足以让他们名留青史，而这些成就早已把他们身上的不足掩饰得恰到好处。

虽然这个世界够大，可是却没有完美无缺的人，即使真有，你若在他身边，也会觉得非常不适应，相比之下，也会有一种无形的威胁。汉朝开国功臣萧何，他是聪明的，在刘邦的面前不时流露出一点贪婪的本性，就是想让刘邦对自己不设防范、不招猜忌。

优秀且完美的人只能出现在文学作品和民间传说中，如果你有的缺点可以克服，就尽量改正，不要要求让自己一切都做到尽善尽美，否则将适得其反。事物都是具有两面性的，在某一种情况下，显现出来的是优势，在另一种情况下，可能就是劣势。所以，我们只能合理地把握自己的长处。勉励自己更豁达些。

孔子说，"三人行，必有我师。择其善者而从之，其不善者而改之"，学着正视自己的长处和短处，取他人之长补己之短，把自己的优点发挥到极致，你将会拥有精彩的人生。对自己放宽标准，放松要求，容许自己有"不够好"的部分，允许自己有"需要改进"的地方。当你把你的要求从 100 分调到 80 分的时候，你的人生将变得更有趣、更有弹性。

人生何其短，我们为什么要一味地苛求结果呢？为什么要人为地制造压力和烦恼？为什么不能去真正享受生活的快乐？一个不懂得珍惜生活的幸福、不去留意美丽风景的人，哪怕拥有再多的财富和荣耀，再崇高的地位，他的一生也注定是痛苦和乏味的。

人们都说认真的人最可爱，因为认真能让生活变得精致，认真能让工作变得出色，也能让人生变得幸福和充实，认真的态度是每个人都需要的，不管是在工作中还是生活里。然而，我们却看到不少人认真得近乎偏执，对自己苛求过多，导致人生过于沉重。过于苛求往往还隐藏着偏执与自我压抑，最终会导致身心的不健康。过于苛求自己的人通常感到自己的压力更大、身心更易疲惫、更焦虑，长期在这种情绪下容易走上极端，不少人年纪轻轻就患上各种身心疾病，比如抑郁症，很多都是由于过分苛求导致的。

俗话说得好："水至清而无鱼，人至察则无徒。"现实生活中，对事、对人、对自己都不要过于苛求，否则会使自己生活在孤寂和焦灼之中。要知道，我们生活的目的在于发现美、创造美、享受美，而不该盯着完不成的极限、遥不可及的梦想折磨自己，最后，抓狂在自己的苛求中。

用一颗慧心释放固执之害

执着不是固执，执着之人做事时，会专心致志，把事情作为自己的目标去奋斗，即使遇到艰难险阻也会不畏强险，不怕困难；而固执是带着倔强的错误追求，固执之人做事时，即使将事情做错，也会撞了南墙不回头，一条道走到黑，不管对与错。

执着的怨恨会让你沉身苦海

不公、挫折、失败、忌妒、失恋，身体受约束、言论遭反对、权利受侵犯、受人侮辱，遭欺骗等，都会导致人们的愤怒。此外，心境不佳，或脾气急躁的人，也容易发怒。一般来说，愤怒按照程度来说可以分为四类：不满、生气、激愤、暴怒。

《内经》指出，"怒伤肝"、"怒则气上，喜则气缓，悲则气消，恐则气下，惊则气乱，思则气结"。同时，情致失调也可导致正气虚弱，抗病力差，而易感外邪。

很多的人内心总是怀着一份怨愤，不懂得宽恕，这是不好的习惯也是要不得的，它会使你变得脆弱、易怒、怨天尤人甚至执着于报复，这除了会耗尽你宝贵的精力外，别无益处。人是一种本质上需要经常不断地宽容的动物，因为人是一种不断犯错的动物，只有错误才需要宽容。犯错是人类的重要本质之一，人类是在不断地犯错中成长成熟和前进的。如果说犯错是进步的前提，那么宽容就应该是进步的基础。

人与人之间组成了这个社会，谁都不可以孤立地生活在这个世界上。很难避免，我们在生活中肯定会遇到与他人之间发生不愉快的时候。当你与他人之间发生不愉快的时候，尤其是当你感受到自己遭遇到不公平的待遇的时候，你是否会对他人产生敌意呢？你是否会因此而在心里对他人怀有怨愤之心呢？

事实上，你的怨愤对他人不起任何作用，反而会影响到自身情绪，产生的怨恨情绪继而会影响你的健康，因为你的怨愤态度使你产生了消极情绪，这消极情绪对你的健康和性情都会产生很大的负效应，从而对你造成伤害。更为严重的是，你总是想着自己受到了不公正的待遇，总会因此而极不愉快，招致更多的不愉快。

你要知道，我们所受到的不公，仅仅是因为我们的心理有所欲求，如果我们把自己心理上的这份欲求看得很淡，那么不公又从何而起呢？

忘记你所受到的不公，忘记对他人的怨愤，最终最大的受益者只能是自己。当你忘记了怨愤，学会了遗忘和原谅，你会发现，原来你所认为的那些你所受到的不公，其实根本没有什么大不了，因为它们在你的一生之中，是那么的微不足道。而你也同时会认识到，抛开对他人的怨愤之心，你所获得的快乐是你这一生享受不尽的。学会宽恕和包容，这是我们应该具备的最重要的美德之一。

如果你内心充满了怨愤，不懂得宽恕别人，那么你就会陷在痛苦的深渊里难以自拔。此时如果学会宽恕、抛弃怨愤之心，就会发现内心的负担一下子没有了，从而感受到一种难以置信的自由和轻松。你可以从你自己的每一次生活经历中学习经验，你生活中遇到的每一个人都能教会你一些东西，不要因为他人对你做了错事而愤怒，怨愤的感觉是在你的体内生长，能伤害到的只能是你自己，而绝不会是他人。你应该了解，怨愤所导致的压力和紧张的情绪，将影响到你的生活质量，而宽恕则将把你引领到欢乐和谐的美好境界，让你的生活充满阳光。

宽恕是帮助你控制自我情绪的最有力的工具之一，不懂宽恕的人是在毁掉自己必经的一座桥梁，因为不可避免的，在将来的一天，你也同样会需要他人对你的宽恕。当你学会了宽恕，并熟练地运用宽恕的情怀对待他人的时候，你就会逐渐地发现，你的人生也因此而快乐幸福。

变通的执着是固执的最大区别

执着是顽强，是一直追求某样东西不放弃，一种永不放弃的精神；固执是不改变自己的想法或做法。执着，还隐含了在所追求目标的过程中，克服各种困难和挫折，在困难和失败中积累成功的要素，直到达成目标。执着是一种非凡的意志力，是面对反复拒绝后的失落以及跨越成功路上的无数阻碍的重要法宝。研究表明，成百上千的成功人士为他人开辟了道路，并在历史的画卷上留下了标记，他们留下的重要财富就是执着的精神。

很多情况下，执着是区分他们与其他人的唯一素质。人们经常会进入这样一个误区，认为缺乏执着是意志力太弱的结果。然而，有些人具有很强的意志力但是仍然缺乏保持前进所需的执着。很多案例表明，人们不够执着往往是因为他们没有一个值得他们追求的目标，一个令他们内心激动的目标。

虽然人类的意志力是催人奋进的重要动力，但如果意志力与想象力针锋相对的时候，想象力必然每次得胜，简单地说就是：欲望是动力，梦想是燃料。当你开始发挥想象力，为自己构筑梦想时，需要反复定义和调整直到得出清晰答案，亦即形成了一种受强烈欲望驱动的可以超越任何力量的情感。但是这种意志力需要深度发展才能指导你朝目标奋进。

如果能恰到好处地运用，每个人的知识能力都蕴含无限潜力。可是，任何事物都有相反的一面，如果知识力没有得到正确引导，它同样会变成致命的敌人。很多人执着地从事他们不想做的事情，得到了不想要的结果。他们并非缺乏执着精神，只是一直在执着于自己的毁灭。执着的极端就是固执——坚持自己的想法、做法是最对的，一旦决定之后，任何人都不能够改变他，也不愿意接受别人的建议，一意孤行，这就是固执己见。

所谓的执迷不悟指的是人们在认知过程中无法将客观与主观、现实与假设很好地区分开来。如果将自己这种已有的经验驾驭现实之上，并过分固化的话，就产生了执迷不悟。

有人曾经做过这样一个实验：把几只蜜蜂和苍蝇放进一只平放的玻璃瓶内，使瓶底对着光亮处，瓶口对着暗处。最终的结局就是，有目标地朝着光亮拼命、扑腾的蜜蜂最终衰竭而死，而无目的地乱窜的苍蝇竟都溜出细口瓶颈逃生。蜜蜂的死说明了什么？是它们对既定方向的执着，是它们对趋光习性这一规则的遵循。

在充满不确定性的环境中，有时我们需要的不是朝着既定方向的执着努力，而是在随机的过程中寻求生路，并不是对规则的遵循，而是对规则的突破。不可否认执着对于人生精神的正面作用，但也应看到，在一个经常变化的世界里，执着于错误的方向只会有无尽的痛苦。

执着是认准了准确的道路奋勇前进，不达成目标不松懈；固执是一意孤行，沿着错误的方向不撞南墙不回头。执着和固执，有时真像是一个事物的正反两面，而判定执着之所以为执着，固执之所以为固执的标准，仅仅是一个开头，也就是选择的方向是否正确。

有一种名叫马嘉的鱼，生活在深海中，春夏交替的时节会溯流而上，随着海潮漂游到浅海去产卵。渔人捕捉马嘉鱼的方法很简单：用一个孔目粗疏的竹帘，在竹帘的下端系上铁块，放入水中，用两只小艇拖着，拦截鱼群。马嘉鱼的"个性"很强，就是我们常说的固执，总是不爱转弯，一往无前，即使闯入罗网也不会停止。所以一只只前仆后继地陷入竹帘孔中，帘孔随之收紧。帘孔越紧，马嘉鱼愈是愤怒，这时候的它们会瞪起圆圆的眼睛，张开背鳍，更加拼命往前冲，结果一只只马嘉鱼被竹帘牢牢地卡死，为渔人所获。

执着追求的同时必须与智慧相结合，在执着地追逐成功的同时，要适时调整自己的定位，学会变通，学会放弃，这样才能到达成功的彼岸。

顺其自然

炎热的夏天，有的人暴躁不安，浑身难耐，需要"顺其自然，心静自然凉"；失败的日子，有的人消沉颓废，以为世上再无阳光，需要"顺其自然，做最真实的你!"人生的日子里，不管成败，都需要："顺其自然，不要苛求。"

适当的坚持会给人生带来很多的成功，可是那些无谓的固执只会使事情变得更加糟糕甚至造成无法弥补的遗憾。所以我们的生活需要变通，换一种方式，也许就会有出口。

顺其自然，不要刻意追求完美

很多的人会因为某种瑕疵，而觉得痛苦异常。有的人因为个子矮而自卑，有的人因为眼睛小而心烦，有的人因为肥胖而发愁……这些人只是看到了自己的缺陷，却没有发现人无完人，每个人都会有缺陷。追求完美是我们进取向前的动力，但不能刻意要求任何事情都完美无缺。

追求完美不是什么不好的现象，追求完美可以促使我们朝更加美好的方向发展，但是绝对完美的事物根本就不存在，如果你还在刻意地追求完美的话，请放弃这种想法吧！

那些完美主义者不论是在做什么事情之前，都不能克服自己追求完美的激情和冲动。她们想把事情做到尽善尽美，这样虽然没有错，但她们在做一件事情之前，总是想使客观条件和自己的能力也达到尽善尽美的完美程度然后才去做。因而，这些人的人生始终处于一种等待的状态之中。他们没有做成事情不是他们不想去做，而是他们一直等待所有条件都成熟，因而没有做，结果就在等待完美中度过了自己不够完美的人生。

很多完美主义的人表面上都表现得相当自负，可是内心深处却很自卑，因为他们很少看到优点，总是关注缺点，总是不知足，很少肯定自己，因而总是在自卑中度过。

人生的不完美是我们无法改变的事实，但我们可以选择走出不完美的心境，而不是在不完美里哀叹，更不要一味地追求所谓的完美。人生既然不是完美的，那么就一定存在缺憾，缺憾也是我们的一部分，为了一点点缺憾而否定自己，实在是一件很傻的事。不为缺憾耿耿于怀，我们才能好好享受生活。人生是一场旅行，在路上我们总要面对各种各样的缺憾，从哲学意义上讲，人类永远不满足自己的思维、自己的生存环境和生活水准，这就决定人类要不断创造和追求，没有缺憾就意味着圆满，绝对的圆满便意味着没有希望，没有追求，于是就意味着停滞。

有个人问洞山良价禅师："如何回避寒暑?"

禅师答道："何不向无寒暑处?"

那人又问："何处是无寒暑处?"

禅师又答："寒时寒杀阇黎，热时热杀阇黎。"

禅师的最后一句话的意思是："寒冷时彻底与寒冷打成一片，炎热时彻底与炎热浑然合一。"这位智者的意思就是告诉对方要懂得"顺其自然"。

人生是一场旅行，在旅行途中，我们不知要度过多少个寒暑，其实天气的寒暑易过，真正难过的倒是我们学业、事业、生活、感情等方面的"寒暑"。人生并不是平坦的大路，而是充满了崎岖不平，这种情况之下，我们要真正地认识生命，认识人生，作出最大的对策，那就是"顺其自然"。

禅师说要与炎热、严寒浑然一体，要"顺其自然"，也就是在炎热的时候享受炎热的乐趣，寒冷的时候享受寒冷的乐趣，言外之意即是人生之旅，成功时就分享成功的喜悦，失败时就享受失败的乐趣，摒弃痛苦与绝望，时常保持旺盛的生命力与活力，保持一种恬淡快乐的心情，保持一种无欲无求、无拘无束、无挂无碍的上好心境，成也是败，败也是成，做自己愿意做的事。如此心境，如一的境界，何等洒脱，何等自在。

变通的生活才有转机的机会

法国作家安德鲁·摩洛曾经说过一句话："不去遗忘，就不会有幸福。"

有这样一个女人，她漂亮而富有，但不幸的是结婚以后丈夫就一走了之再也没有回来，据说是有了别的女人。这个女人十分痛苦，但是一直过去了几十年，直到她去世，她还保存着新婚房间的布置，还念念不忘这段痛苦的婚姻。在去世的前夕，她还在想着那个弃她而去的男人。

很多人会佩服她的痴情和坚贞，会谴责那个男人的负心薄情。然而，反过来想想，其实她完全可以摆脱痛苦，重新寻找自己的新生活，更何况为了这样一个男人是多么的不值得。她的痛苦从表面来看，是那个负心的男人带来的，但是，从本质来看，却是自己造成的。

倘若永远都抱着一成不变的错误想法来看待自己的生活，不懂得根据环境的变化而变化，那么，人生注定只会失败。

或许你在昨天拥有无限的辉煌，可是今天却暗淡无光，那么就开始忘记昨天，再为自己创造一个可以辉煌的明天吧！也许你怀抱希望向着梦想前行，却处处遇到阻碍，那么，试着换一个方式或者角度，也许成功就在那里了。有时候，人生是不需要太过执着的，适时地放下才会为自己赢来一个美好的命运。

第**9**章　宽心是一种看开的大智慧

我们的心灵如同大海般宽大，我们的心灵如同天空般空灵，我们的心灵如同大地般辽阔。然而，我们内心深处的私欲与不作为，遮掩了我们宽广的心灵，让它们如同被拴在铁链子上，挣脱不掉，挣扎不了。只有放开心灵的闸门，放开心灵的包袱，才能放心灵高飞、心宽天地广。

看得开是一种大智慧

凡事能够看得开是一种大智慧。在很多事情上，我们应该知道适可而止，量力而行，不要过分追求高不可攀的目标，适时地放下并不是畏难，更不是退缩，而是务实地寻找更为切合自己实际的目标。当我们把那些好高骛远的目标抛弃以后，会感受到心灵的轻松和幸福。在物欲面前，我们一定要时时提醒自己，要勇于放下，欲望就像一个无底洞一样，不要被欲望的黑洞吞噬淹没。

凡事都看得开是一种大智慧

一位年轻的企业家事业十分成功，可是对家里毫不顾念。他对目前所拥有的东西依然很不满意，觉得自己可以拥有得更多。有一天，经妻子一再恳求，他带着妻子和儿子到野外去兜风。谁知中途车子出现意外，翘在悬崖上千钧一发。面临危机，全家人前所未有的团结，用尽所有的智慧，终于脱险了。脱险后的企业家猛然醒悟，他对一切都满足了。对爱人、对孩子、对所有人都充满了爱心，每一天都过得很开心。

俗话说"大难不死，必有后福"。这个"福"字其实是经过大难的人自己给自己的，因为经历过大难，他对人生的态度发生了变化。大难之后，看开了，人的生命从一种狭隘的、关闭的状态转化为一种积极乐观的状态。看开了，人生便会充满阳光。

只有放下才会幸福，放下并不是放下手中的物品，需要放下的是我们的一颗心。放得下才能看开，才能安闲优雅，才会感到生活的幸福，生命的美好。就像一千个人眼中有一千个哈姆雷特一样，一千个人眼中同样有一千种幸福，但公认的幸福应该就是心灵平静、心无挂碍的那种轻灵的感觉。

孔子说："富贵于我如浮云！"孔子参透努力和成功没有绝对的因果关系，在他看来一切都是"尽人事以听天命"，希望我们尽力去追求，却不必把富与贵当作永久存在的东西。

曾仕强说："看开而不看破，才是生活的意义。"不可以看破，一旦看破了就觉得一切都是假的，人生如果没有了追求，也失去了竞争的原动力，结果不是洒脱而是消极；人生又不可以看不开，否则在人生中只许成功不许失败，即使眼下成功了，未来也不能走远，因为人生不可能没有挫折。

每个人或多或少都会有些贪婪。好奇与利益会使一个人看不到眼前的美好，却使人奢求曾经错过的东西。人们常说"失去了才懂得珍惜"，为何不把平常的错过看得淡一些呢？让你选择大海与小河，你会做出怎样的选择呢？也许你会选择波澜壮阔的大海，这就会意味着你要错过有无限淡水、静谧安详的小河。但你无须悔恨，每条路都有各自美妙的结果。

人生是一场旅行，在人生的旅途中，我们会无数次被自己的决定或碰到的逆境击倒、欺凌甚至碾得粉身碎骨。但不论发生什么，或将要发生什么，我们永远不会丧失价值。因此，创伤是一种历练，而不是惩罚，不要为自己遭受的挫折、创伤而贬低、否定、惩罚自己；既然这样，就重新整理心情和人生，带着这种创伤留下的疼痛和成熟继续上路吧。

错过了成功，我们学会了拼搏；错过了爱情，我们学会了爱；因为错过，我们学会了珍惜；因为遗憾，我们学会了抓住机遇……每一种创伤，都会让我们成长，让我们成熟！

我们在安慰别人的时候会说"人生是没有圆满的"，你不能得到一切，不圆满那只是相对地说而已。我们所拥有的，其实就是另一种圆满。

我们从一次次的遗憾中领略圆满。如果没有分离的思念，怎么会领略相聚的幸福？如果没有经历过被出卖的痛苦，怎么会领略忠诚的可贵？如果没有品尝过失败无奈的滋味，又怎能体会成功的喜悦？如果没有遭遇疾病的侵袭，怎能体会健康对人的重要？
在纷纷扰扰的人世间，能够相聚，能够拥有，彼此忠诚，长相厮
守，不正是一种圆满吗？

心平气和

高速发展的社会中，人们要想做到"心平气和"实际上是很不容易的。很多人由于工作压力大，生活不顺心而变得心浮气躁，很容易生气，甚至迷失了生活的方向，还有人悲观厌世。当出现这种情况时，不妨学着以心平气和的心态去调节，用宽大的胸怀去接纳生活给予我们的一切吧，不论是成功还是失败。做到心平气和，对人、对己都有好处，利人利己的事为什么不做呢？

冲动是魔鬼，心平气和最心宽

生活中，因芝麻大点小事而大发雷霆，因一句半句闲言碎语而怒发冲冠，甚至由于对方一个不经意的表情而怒不可遏的种种情况，都是冲动。也许，冲动者并无恶意，只是让冲动冲昏了头脑，等到冲动过后才后悔万分。所以从根本上讲，受害最大的还是冲动者本身。

不要因别人脾气暴躁而生气，也不要因悲惨的事而沮丧。冲动的直接触发是一个"躁"字：急躁，浮躁。古往今来，古人对医治"躁"病妙法良多，例如古人的"安详是处事第一法"，就是说不急不躁是处理事务的第一等方法；"多躁者，必无沉潜之识"，就是说过分浮躁之人，一定没有深刻的认识；"处事最当熟思缓处"，告诉人们遇事进行处理，最佳做法是深思熟虑和延宕一下再办。"逆境顺境看襟度"，这"襟度"意思就是指涵养，有涵养好，涵养过人尤好。"世上闲言碎语，一笔勾销"，这就是良好的心态，心平气和，不去计较鸡毛蒜皮之事。

冲动是你经历挫折的一种后天性反应。你以自己不欣赏的方式消极地对待与你的愿望不相一致的现实。水受到激发，就会泛滥无边；火受到激发，就会蔓延；人受到激发，就会作乱。在激发怒气的情况下，君子也会变成小人。

冲动如果过度了就会变得愚蠢。毕达哥拉斯说："愤怒以愚蠢开始，以后悔告终。"在受到侮辱或攻击的时候，冲动是解决不了任何问题的，它只能使你陷入社交的困境。由于情绪失控，头脑不清醒，就更难达到摆脱困境的途径。这时候唯一可取的是保持冷静，冷静能使自己客观地从对方的攻击中寻找出他的不符合事实、不近情理之处，抓住他的弱点，分析他的目的，然后采取对策，加以揭露，予以反击，使自己转危为安。冲动就像是玩火自焚，既烧灼了自己，又伤害了别人。"一失足成千古恨"，因为小事而冲动，造成更大的失败，是最令人痛心、后悔的事。

一个年轻的农夫，划着小船，给另一个村子的村民运送自家的农产品。这一天天气酷热难耐，农夫汗流浃背，苦不堪言。他心急火燎地划着小船，希望赶紧完成运送任务，以便在天黑之前就可以返回家里。就在这时，农夫发现前面有一只小船，沿河而下，迎面向自己快速驶来。眼看两只船就要撞上了，但那只船并没有丝毫避让的意思，似乎是故意要撞农夫的小船。

"让开，快点让开！你这个愚蠢的家伙！"农夫大声地向对面的船吼叫道，"再不让开你就要撞上我了！"尽管农夫的声音很大，可是对方没有理会，这时农夫手忙脚乱地企图让开水道，但为时已晚，那只船还是重重地撞上了他的船。农夫被激怒了，非常生气，他厉声斥责道："你会不会驾船，这么宽的河面，你竟然撞到了我的船上！真是个白痴！"当农夫怒目审视对方小船时，他竟然发现，小船上空无一人。听他大呼小叫、厉声斥骂的只是一只挣脱了绳索、顺河漂流的空船。

那个一再惹怒你的人，决不会因为你的斥责而改变他的航向。面对事情，心平气和才能化解一切矛盾。人生中会遇到许多不如意的事，磕磕绊绊也少不了，是心平气和地去化解还是怒气冲天地去对待，往往一件小事就能决定今后的命运如何。一位著名的女作家曾说过这样一句话："人总是有缺点的，但是你要尽量往一个人的好处看，慢慢你就会觉得，那些缺点也都是可原谅的。"

冲动，是缺乏涵养、心态不良的一种折射。人既然有理性，为什么还要让冲动的魔鬼从薄弱处跳出来。其实，魔鬼是扯着你的心跳出来的，等它安顿下来，留下的只有你的心痛，而每一次疼痛，必是每一次损伤，是对健康对素质对人格对生命的损伤。所以，日常生活中请不要冲动。

有些时候事情的表面并不是它实际应该的样子，我们生气了，愤怒了，冲动了，等过了一段时间之后，情况又发生了变化，所以许多事要弄清楚了再来发怒也不迟。

化解冲动，应该从生活方式上解决问题，培养理性控制力，培养良好的心态，做到心平气和。"心平"指的是内心的平静，没有非分之欲望，拥有一颗平常心。"气和"指的是气血调和，是安静稳重的状态。只有"心平"，才能"气和"。"心平气和"是一种心态，是一种宽容，是一种境界，是一种修养。

当一个人做不到"心平气和"的时候，对事物就不可能做出正确的判断。这样的人生活经常会漂浮不定，经常会麻烦缠身，失去的比得到的要多得多。世间的事情往往就是越想得到越得不到，越得不到心情就越难以平静。

"心平气和"能够让人客观地看待事物，平静地看待生活，让人能够换位思考，可以遇乱不惊。心平气和的人表现出的涵养和稳重是其身心健康的表现，是其气质风度的展示，是其稳重成熟的流露。

狭窄的心胸难以容物容人

物竞天择适者生存的社会，决定了我们都有争强好胜的心理，一个真正的强者也许不能容忍有别人比自己强，但他们的不能容忍和心胸狭窄之人的不能容忍是完全不一样的。一个真正的强者，他的目标是要做到最好，他不能接受也不允许自己处在第二的位置，所以当他发现有人比自己强的时候，他会采取一种积极的态度，努力不断地提升自己的实力，使自己成为最强的。强者的风格是激发自我潜能，通过对自我的超越来超越别人，使自己永远走在别人的前面，永远立于不败之地。

强者总是会得到很多人的关注，总能成为舞台上的明星，明星总是耀眼的。人们都习惯于崇拜强者，对于强者经常抱着一种欣赏与向往的态度，而心胸狭窄的人，却不能接受身边有比自己强的人，因为他们担心比自己强的人会妨害自己的地位和利益，狭窄的心胸使他们不能吃一点点亏。这种心理其实是他们内心不愿意面对现实所致，他们没有能力成为最引人注目的人物，也不允许有比他们更引人注目的人物存在。

心胸狭窄的人，嫉贤妒能是他们一贯的特点。心胸狭窄意味着不能包容别人的缺点，不能忍受别人对自己无意的触犯与伤害，不能以淡然开朗的心态对待问题。一个心胸狭窄的人，他知道自己并不是最强的，但是他接受不了在自己的视野范围之内有人比自己强，一旦发现有人强过自己的话，他就会盘算着如何削弱对手，而不是提高自己。心胸狭隘的人通过压制使得他人不能超过自己，使自己永远保住第一的位置。如果你与一个心胸狭窄的人打交道，可能很难正常地发挥自己的能力，因为总有一个人在压着你，拖着你，让你举步维艰。

曹操虽是一代枭雄，但是也免不了心胸狭窄忌妒别人的弱点。他成就了一番大事业，但也因心胸狭窄，而葬送了他手下一些杰出的人才。

杨修为人恃才傲物，遭来曹操的忌妒。

一次曹操的花园建好了，曹操在看过之后不置可否，只取笔在大门上写了一个"活"字就走了。在场的人都不明白这是什么意思，杨修说道："门字里面填一个'活'字，就是一个阔字，丞相是嫌大门建造得太阔了。"于是工匠重新修建了大门，又请曹操来看。

曹操看过之后非常高兴，问道："是谁知道我的心意?"左右人说是杨修，曹操虽然表面上称赞了杨修的聪明，但已经心生忌妒。

又有一次，塞北有人送来了一盒酥，曹操在盒子上写了"一盒酥"三个字，把盒子放在案上。杨修看了曹操写的内容后，就拿起来和大家把酥分食了。

曹操问其原因，杨修说道："盒子上明写着一人一口酥，我怎敢违抗丞相的命令。"曹操大笑，可是心里已经很讨厌杨修了。

曹操生性多疑，唯恐别人会趁自己睡觉的时候杀了自己，常常吩咐左右道："我梦中喜欢杀人，我睡着的时候大家不要靠近。"一天白天，曹操在帐中睡觉，被子掉在地上，一个侍卫过来帮曹操把被子盖好。曹操突然跳起来，拔剑杀了侍卫，又回床继续睡觉。醒来之后，曹操故意惊问道："是谁杀了侍卫？"左右侍从把实情告诉了他，曹操痛哭，下令厚葬侍卫。此后所有人都相信曹操会在梦中杀人。只有杨修知道曹操的真实用意，在埋葬侍卫时叹息道："丞相不在梦中，你才是在梦中呢！"曹操听说后，越发厌恶杨修。

然而杨修却全然不知，依旧尽心尽力为曹操出谋划策，到最后却断送了自己的性命。曹操与刘备征战的时候处于下风，兵退斜谷，进也不是，退也不是，正在犹豫不决之时，恰好厨师端上鸡汤来，曹操看见汤中有鸡肋，不禁有感于怀。这时候，正好夏侯惇进帐请示夜间的口令，曹操随口道："鸡肋，鸡肋。"夏侯惇便传令官兵，以"鸡肋"为号。

杨修听到"鸡肋"的号令后，就教随行的士兵收拾行装，准备归程。有人就告诉夏侯惇，夏侯惇不解，问杨修为何要收拾行装。

杨修说："通过今晚的号令，就知道魏王不几天就要退兵了。鸡肋这个东西，吃起来没什么肉，丢了又可惜。现在我们进攻无法取胜，退兵又怕被人笑话。在这里待着也没什么好处，不如及早回去。过不了多久魏王必定班师，所以先收拾行装，免得临行慌乱。"夏侯惇听后，觉得有理，于是就传令下去，寨里大小将士，无不准备归计。

当夜曹操心乱，无法入眠，就手提钢斧来营中巡视，看见将士们都在收拾行装，传令夏侯惇来问其缘故，夏侯惇便说主簿杨修知道大王想退兵的意思，曹操叫来杨修询问，杨修把鸡肋的意思告诉曹操。

曹操大怒道："你怎敢胡言，乱我军心！"就命令刀斧手将杨修推出斩首示众了。杨修的聪明让自己丢了性命，可是由于曹操心胸狭窄的个性，同时也让他失去了一个良才。

宽心待人

人生漫漫，在路上长途跋涉，每个人都会犯错，在面对别人犯错的时候，我们应该采取宽恕的态度待之，让对方在谅解中改错；对于自己的错误，要拥有一颗坚强的心，不要被不如意击垮，成功来得没这么容易，只有穿过不如意，才能到达成功的彼岸。

人生需要严于律己，宽以待人

一位成功人士在总结自己的成功经验时说："在我看来，人生其实很简单，归根结底就是八个字，严于律己，宽以待人。如果能做到这一点，许多事情就能豁然开朗！"

为何要严于律己？因为不严会放松自我约束，让小错误发展成大错误。待人为什么要宽？为的是给人自新的机会。这是为人处世最重要的原则。

大将军徐达是大明王朝的开国功臣。徐达儿时与朱元璋一起放牛，长大后一起打仗。有勇有谋，深得朱元璋的喜爱。但是，就是这样一位战功赫赫的人，却从不居功自傲，而是律己甚严。
徐达经常跟士兵同甘共苦。遇到军粮不济，士兵填不饱肚子，他
主动减少自己的饮食，分给部下；大军还没扎好营寨的时候，他
从不提前进帐休息，一定会等到大家都安顿好了，他才放下心来；
士卒受伤，他亲自端药治疗；如果有人牺牲，他会筹集棺木葬之。
所以，明军将士对他无不既感激又尊敬。

在生活方面，他也无声色酒财之好。史书记载说："妇女无所
爱，财宝无所取，中正无疵，昭明乎日月。"朱元璋曾赐给他一块
好地皮，但正好处于农民的水路必经之地。家臣看到有这个好处，
于是用这块地皮牟取私利，向农民征收"过路费"。徐达知道这件
事情后，马上将此地上缴官府。

朱元璋在当上皇帝之后，用严刑重刑，杀了包括功臣在内的
十多万人，可是徐达却得善终。他病逝于南京之后，朱元璋为之
辍朝，悲恸不已，追封他为中山王，并将他的画像陈列于功臣庙
第一位，称之为"大明第一功臣"。

能逃过朱元璋"诛杀功臣"的屠刀，可见徐达严于律己，宽以
待人的处世之道到了一定的境界。

在现实中，很多人对自己很宽松，什么都能做，做了坏事也
从不感到羞愧，但对别人却要求极严，有一点错误就看在眼里，
记在心上，有一点小事对不起自己就喋喋不休、没完没了。生活

中，不能用圣人的标准要求别人，却用常人的标准对待自己。这样的人，没有人会和他做朋友，做起事情来，也很难跟别人顺利地合作。因为他不懂得什么叫作"恕人"，只懂得用最苛刻的标准去要求别人，用最宽松的标准对待自己。这是一种严重自私自利的体现。

"宽以待人，严于律己"，不仅体现一个人在处世为人修养上的收放，同时也是高尚品德的最好证明。拥有平静的心情，才会意气舒畅，做事情才会充满朝气和兴趣，才会有好的心情处理人际关系。心情好的人对任何人都会抱以宽容之心，不仅对仁人君子心宽，对势利小人更有自己的宽容之法。

不以物喜，不以己悲，给内心一份超然之境

生活处处有磨难，在磨难中你能取得令你欣喜的成就，相反也会令你走入人生的低谷，一蹶不振。如果他日能飞黄腾达、高官厚禄，你能在这种诱惑中把握住自己，泰然处之，用一颗平常心淡然地看待拥有的这一切，你就能在淡泊喧嚣的同时，给自己找到一份心的超然，一份宁静。

"不以物喜，不以己悲"，是庄重的人生态度。不管是激昂的人生，还是惨淡的人生，不管是失败者的东山难再起，还是成功者

的硕果难久存，在轰轰烈烈中保持一颗平常的心境，在平平淡淡中享受着淡泊的快乐；不羡慕声誉，不沮丧卑微。退一步海阔天空，一切都会变得坦然。

"不以物喜，不以己悲"，是一种宽宏的气度。能做到不争名利，不争宠，不忌妒，让平静的心中有一股自然的荡气与豪气，在生活中淡然地看待这一切。让自己的超然与洒脱、从容与镇定来为自己找一个淡泊的心境，让自己在平衡的心态里，品味出宽阔心中的内敛韵味。

战国时期，在塞外住了一位老翁。一天，老翁家里养的一匹马走失了。在塞外，马是负重的主要工具，因此，邻居都来安慰他，这位老翁却很不在乎地说："这件事未必不是福气！"几个月后，走失的那匹马居然带了一匹胡人的骏马回家，这真是赚了，邻居都来庆贺。这位老翁却说："这未必不是祸！"又过了几个月，老翁的儿子骑这匹胡马摔断了大腿骨，邻居们在佩服老翁的料事如神之余不忘安慰老翁，老翁却毫不在意地说："这倒未必不是福！"此事不久后，胡人入侵，壮丁统统被征调当兵，战死沙场者十之八九，而老翁的儿子却因为摔断了一条腿免役而保住一命。

"不以物喜，不以己悲"，潜藏着一种向上的力量和敏锐的智慧。求索者不患得患失，智慧者不浮躁，成功者不矜夸，不计较是否有颇丰的收获，也不计较失大于得的比例失调。"不以物喜，不以己悲"，是一种自我的回归，是一种人生的体验，是一种平衡心态的洒脱。

"不以物喜，不以己悲"虽然说得很好，但是做起来绝非这么简单。人生是一场旅行，我们有走不完的路。古今多少事，都付笑谈中，更是一份淡泊。保持一份平常心，遇事沉着冷静，对待成功和失败一笑而过。只有这样你才能真正领略平淡其义，你的心里才能永远拥有阳光。

南方楚国有一个人叫支离疏，他的形体像是造物主心情愉快时开的玩笑：脖子像丝瓜，脑袋形似葫芦，头垂到肚子上而双肩高耸超过头顶，颈后的发髻蓬蓬松松似雀巢，背驼得两肋几乎同大腿并列，好一个支支离离、疏疏散散的"美人"胚子！大家都认为他很丑，可是支离疏却不这认为，反而暗自庆幸，感谢上苍独钟于他。平日里，支离疏乐天知命，舒心顺意，日高尚卧，无拘无束，替人缝补衣物、簸米筛糠，足以糊口度日。

当君王准备打仗，在国内各个地方强行征兵时，青壮汉子如惊弓之鸟，四散逃入山中。而支离疏，偏偏耸肩晃脑去看热闹，试想他这副容貌谁要呢，所以他才那样大胆放肆。当楚王大兴土木，摊派差役时的时候，庶民万姓不堪骚扰，而支离疏却因形体不全而免去了劳役。到了寒冬腊月官府开仓赈贫的时候，支离疏却欣然前去领到三盅小米和十捆粗柴，仍然不愁吃不愁穿。

"月满则亏，水满则溢"，这是世之常理。否极泰来，荣辱自古周而复始。因此，大可不必盛喜衰悲，得喜失悲。

生活不是简单地为生而活，存在着更广阔的内容，即使生活再忙碌，也要留点宁静的时间给自己，梳理一下自己的思绪，放缓生活的脚步，好好享受当下的生活。

人，平平淡淡而来，也应平平淡淡而去。人生如一条淙淙流淌的长河，既有峰峦叠嶂时一泻千里的壮丽之美，也有走过一马平川时迂回柔情的安详，既有平静也有波澜壮阔的时候。拥有一颗平常的心是正常生活之人的平常之举，拥有一颗平常的心才能学会满足，才能理解别人，善待自己，享受生活。

俗话说得好，生活中不如意的事十之八九，令我们无法预料无从强求，但顺境中宠辱不惊、怡然自得，逆境里笑看云卷云舒，静观花开花落，才解世间浮沉，更见人生真谛。

对人生的宠辱得失看得淡一些，其实一切都是过眼烟云，淡一淡寡欲，去留无痕，真正的永恒只有心胸的豁达，这才是淡泊人生的最高境界。

人生心境就像浩瀚的大海，有时会惊涛骇浪骤起，有时会受到狂风暴雨的洗礼，在途中当然也不乏宁静的港湾供你停泊心灵的小舟。在人生之海驾驭生活之舟时，既需要有迎风破浪的勇气，也需要有不以物喜不以己悲的心境！

第10章　每个人都是旅行中的美景

在旅行的途中，你会遇见很多不同的人，也会遇见很多的困境，珍视每一段情缘。在茫茫人海里，与我们相识的都是有缘之人，既然相识，就要好好珍惜。并不是每一段的遇见都可以结下友谊，重要的是你如何对待——用你的诚意去对待别人，他们都是你旅途中的美景。

每颗善待人之心都是可敬的

古希腊伟大的哲学家柏拉图曾说："一定要善意地待人，因为你遇到的每一个人活得都不容易。"你真诚对人，也决定了日后别人怎样对你。更不要在帮助了别人之后，对别人大呼小叫，用一种高高在上的姿态去对待，这样不仅你的帮助毫无效果，反而会适得其反，因为这时，你的帮助已经变成了施舍与怜悯。

好人最大的受惠者是好人自己

卡耐基在训练大中华地区负责人黑幼龙时说："人生最大的驱策力就是想成为好人，成为好人以后，最大的受惠者是好人自己，通常他周围的人也必定受惠，因此结果是双赢。"

有位哲人曾经说过这样的话："如果某个人在路上发现有人中了箭，他不会关心箭从哪个地方飞来，也不会关心箭是用什么木头做的，箭头又是什么金属，更不会关心中箭人属于什么阶层，他不会问这么多，只会努力去拔出那人身上的箭。这就是善意，是人最本能、最原始的一种善意，正是这种善意使人类得以一代一代地传承。"

我们经常听到有人说与人相处的时候要有一种求真的态度。其实这种求真的态度就是心怀善意，真诚待人。没有谁愿意拒绝别人的善意和真诚。

人际交往中有一条白金法则。白金法则的精髓就在于"别人希望你怎样对待他们，你就怎样对待他们"，从别人的需要出发，然后调整自己的行为，运用我们的智慧和才能使别人过得轻松、舒畅。在社交中和处理人际关系时，要尊重人，真诚待人，公正待人。

真诚对人，是立身之本。人与人之间，只有真诚相待，才是真正的朋友。人和动物的一个根本区别就在于人的社会性，就是说，不管什么时候什么地方，人要在社会上立足、生存、发展，都要结成群体，不可能独来独往。人与人的真诚可以减少双方猜忌的机会，降低彼此误解的概率；真诚可以使双方都不必费心费力地"算计"对方，较容易集中重点，讨论问题并达成共识；真诚的人表里如一，待人处世自然容易与人沟通。相反，不真诚者绝于人群。诗人萨迪说过："无论你是一个男人，还是一个女人，待人温和宽大才配得上人的名称。"

美国著名心理学家约翰·安德森在 1969 年的时候做了这样一

个实验，他在一张表格中列出了 500 多个描写人的形容词，他邀请近 6000 名大学生挑选出他们所喜欢的做人品质。调查结果显示，大学生对做人品质中给予最高评价的是"真诚"。在 8 个评价最高的候选词语中，有 6 个和真诚有关，它们分别是真诚的、真实的、忠实的、诚实的、信得过的和可靠的。大学生对做人品质给予最低评价的形容词是"虚伪"。在 5 个评价最低的候选词语中，有 4 个和虚伪有关，它们分别是不老实、做作、说谎、装假。

从上面的案例中，我们可以得知，生活中我们总是喜欢真诚信得过的人，讨厌说谎不老实的人。一个真诚的人，不论他有多少的缺点，同他接触时心神就会感到愉快。这样的人，一定能找到幸福，在事业上有所成就。这是因为以诚待人，别人也会坦诚相见。一个人可以真诚地待人处世，就容易获得他人的合作。真诚做人，坦诚相待，则容易让人接纳，能交到更好的朋友。

待人从来都是对等的，人心从来都是相互的。你对待别人是真诚的，别人对你也会是真诚的；你对别人欺诈，别人对你也是欺诈的。真诚得人心，对同志、上级、下属、同事，真诚意味着谅解、体贴、信任和爱护。古人云："心静生智能，行善生福气。"心就像一粒种子，生长在天地中间，那些喜怒哀乐的情感造就了善恶之心。有一颗充满善意的心，行为和语言就会大不一样，情怀和境界自然也就会大不相同。心怀善意，真诚待人，人生的路必定越走越宽，越走越顺，也必将获得常人难以企及的成就。

设身处地为别人着想

"己所不欲，勿施于人"，告诉我们用自己的心推及别人，自己希望怎样生活，就要想到别人也会希望怎样生活；自己希望在社会上站得住，同样也帮助别人站得住；自己不愿意别人怎样对待自己，同样不要那样对待别人。从自己的内心出发，推及他人，去理解他人，对待他人，不要把自己的意志强加于人。

社会中，每个人都扮演着不同的角色，在交际过程中，人们都是以具体角色出现的。由于长期习惯于从自己的角色出发来看待自己和别人的行为，就使认识带有不同程度的片面性。因为人们的角色不同，人际间总是发生冲突，不能相互理解，造成交际障碍。想要克服这一障碍的话，要将心比心，设身处地为对方着想，假设自己处在对方的位置上，会有什么样的感想呢？这样，就会通情达理地谅解对方的行为和态度。

人心不同，各有各的层面，所以更要将心比心。我们喜欢的别人不一定喜欢。我们认为应该的，别人不一定有同感。认识一个人容易，但想要真正了解一个人却不是容易的事情。不过，只要设身处地地多为他人想一想，做到换位思考，结果就大不相同了。如果你对自己说："假如我处在他当时的困境之中，我将有什么感受？会有什么样的反应？"你就会省去许多时间和麻烦，同时也可以增加许多处理人际交往的技巧。

玫琳·凯在谈到人事管理和人际交往时曾经讲述过她自己的一次亲身经历。

有一次，她参加了一堂销售课程，讲课的是一位很有名气的销售经理。他讲得很好，既生动幽默又鼓舞人心，玫琳·凯十分渴望和那位经理握握手。于是她排了一个多小时的队，好不容易轮到她和经理面对面了，这位经理根本没有用正眼看她，而是从她的肩膀望过去，看队伍到底还有多长，甚至他没有察觉自己正在和别人握手。一个多小时的守候得来的竟然是这种结果。玫琳·凯觉得自己受到了莫大的侮辱和伤害。后来，玫琳·凯有了自己的化妆品公司，她有很多次机会公开演讲，也有很多次机会站在长长的队伍面前，和很多不认识的人不停地握手。

玫琳·凯说："每当我感到疲倦的时候，我总会想起那次令我感到受伤害的情形，然后我马上会打起精神，面带微笑直视握手者的眼睛，我还会说些比较亲近的话，哪怕是几句简短的闲谈：'我喜欢你的发型'或者'你口红的颜色漂亮极了！'我想尽可能让对方感受到我的热情和真诚。我一直在极力避免让其他的事情来打扰我。只要是和我握手的人，我都会把他当作那个时候我最重要的人。"

所谓的"人际关系"，就不能只考虑自己的立场而忽视他人的立场和感受，否则那就是"一厢情愿"。设身处地就是一种换位思考，是一种虚拟，换句话说，"如果我是他，站在他的位置，我会怎么看待这个问题？我又能怎么处理这件事情？"从字面上来看，"设身"就是假设自己是当事人本身，"处地"就是处在当事人的地位和情境。

卡耐基说："处理人际关系，就像钓鱼一样，你想得到对方的认同，就要考虑他们喜欢什么？你有什么可以满足他们，并将他们吸引到自己身边来？你想钓不同的鱼，就要投放不同的饵。"设身处地为别人着想，当你受伤的时候，别人的心或许也在痛。同样的一句话可能引起一场纷争，也可以带来温暖和微笑；同样的一句话可能会毁灭一个人的前程，也可以变成一种鼓励。

为他人着想，就是在为自己铺路。日本著名企业家松下幸之助总结自己的成功经验时说："我成功的原因就是经常站在对方的角度来考虑问题。"在关键的时候帮助别人，别人也不会在关键的时候不理你，如果你见死不救，甚至是怕他东山再起对你不利而落井下石，那么，当你遇到困境的时候，别人会袖手旁观甚至也会落井下石。

设身处地为别人着想可以多一分理解，少一点矛盾。如果只从自己的角度来考虑问题，世界上那些不如意的事情都可能成为随时引发矛盾的导火线。老板为什么要求这么严格？妈妈为什么那么啰唆？他（她）为什么要拒绝我的好心？如果你接下来的推理不再以自己为中心，把对方当作主语继续说下去，你会发现原来别人有难言之隐，有为难之处，所有的问题都将迎刃而解。

设身处地为别人着想可以多一点信赖，少一点盲目。为别人着想给对方带来的是方便、利益和愉悦，别人自然会把你当作自己人来看待，无形之中就会信任你。而对你自己而言，先前那些盲目，你的困惑、恼怒、疑问……都会因此消除。

设身处地为别人着想可以多一分博大，少一腔怒气。或许你还会为一件事情而耿耿于怀，甚至大动肝火，但是因为站在别人的角度上思考，你将更加善解人意，更加宽容，更加和善，更加细心，你也会因此而心平气和，一腔怒气消散了，而同时你的人格也得到了升华。

君子之交淡若水，小人之交甘若醴

朋友是什么？词典中给出的解释是，所谓朋友，是指彼此有交情的人，建立朋友关系，既不需要法律规范，也不受传统道德约束，只要两人有交情就算建立了朋友关系。但是同样是朋友关系，却有"君子之交"和"小人之交"之分。

北宋著名文学家欧阳修在《朋党论》中说："臣听说朋党的说法，自古以来就存在。只希望君主能辨别他们是君子还是小人罢了。一般来说君子与君子，以共同道义结为朋党，小人与小人，以共同的私利结为朋党。"欧阳修这段论述提醒后人，交朋友，自古有之，一个人要成就一番事业，不能不交朋友，但是，我们要识别，和某人结交，是"以共同道义"的君子之交，还是"以共同私利"的小人之交，我们要"以共同道义"和君子结为朋友，不可"以共同私利"和小人结为朋友。

君子之交淡若水，如水般纯净，如水般澄清，如水般柔和。君子的交往，是彼此人格的赞同和欣赏，是纯粹的吸引，不存在任何的功利之心，也就没有得失之感。君子之交虽清淡如水，却日渐亲近。小人之交，是为达到某种目的，出于某种利益的交往，存在功利之心，因利益的增加而亲近，因利益的消失而分离，因此，小人之交虽甘若醴，却疏远分离。

但是，现实生活中，每个人都有很多不同类型的朋友，可以和这些朋友分别用不同的方式保持和发展着友谊，在不同的境界中平等互利。我们能具有这样的能力，其实是人的内心世界天生的多元化所决定的。其实，人并不高尚，人不可能只要情感不要利益，只要开心不要安全，只要忠诚不要原则，只要智慧不要健康，只要名利不要尊严，只要逻辑不要道德。

说白了就是人要是想得到得更多就得付出更多，想要得到不同的东西，就要不同的付出。这里的两句话讲的正是这个道理：精神上的朋友要付出精神上的努力，感情上的朋友要付出感情上的努力，物质利益上的朋友要付出物质上的努力，切不可张冠李戴、不分青红、盲目投入。

"君子之交淡若水"，还有另外一层含义，就是可以指导人们在朋友交往中要注意的相互关系的"度"，这个"度"如果不适当，就会变成扼杀友情的绳索。"君子之交淡若水"是与"小人之交甘若醴"相对而言的。君子之交，朋友之间有适当的距离，有一个度，这样不影响心灵相印，紧密地贴在一起；小人之交，即便天天亲密地在一起，但心灵上互相隔膜，难以沟通。君子之交，对朋友说该说的话，做该做的事；小人之交，说朋友想听的话，做朋友想做的事。

　　理想的交友境界就是"君子之交淡若水"，它鼓励人们在交友中朝着这个方面去努力，即便达不到那种境界，但毕竟使友情更纯洁一些；就像我们虽然进不了花园，便通过努力接近了花园，可以闻到花草的气味，可以看到出墙的艳枝，在一定程度上可使身心得到熏陶和愉悦，总比周旋于追名逐利之中，不择手段地互相利用要好得多。

互相点灯，互帮互助

富兰克林说："一个人种下什么，就会收获什么。"我们真诚地待人，别人也会真诚地对待我们。我们在遇到困境的时候总是希望有一个人可以伸出援手，解救自己于危难；我们希望在伤心难过的时候有人能安慰自己、关心自己。如果想让这些变为现实，那么就从自身做起，用一颗善意之心去帮助别人，别人同样也会帮助你。

有因才有果，助人才能得到帮助

有这样一句古话："小才不知有缘，不懂用缘；中才知有缘，但不善用缘；只有大才，知缘而且善用缘。"这句话告诉我们助人是多么的重要，有人缘才会有财缘。任何事情的发生，都有其必然的原因。正所谓有因才有果。

《论语》讲："君子成人之美，不成人之恶，小人反是。"能予人以快乐者，自己会获得快乐。既没有腰缠万贯，手握重权，也没有足够的实力帮助别人，但有时候别人需要的帮助不是指的这些，也许你的一个小小的微笑，一声小小的赞扬，一次小小的帮助，就能改变别人的命运。

世界越快速发展，人类就会更加忙碌，更加忙碌的世界温暖就变得很少。这个世界太需要温暖。不要小看对失意者随口说一句温馨的话语，对跌倒者从旁轻轻伸出扶助的双手，对无望者赋予一个真诚的信任，也许你什么都没失去，而对一个需要帮助的人来说，也许就是醒悟、支持、宽慰。你在为他人尽力的时候，同时也是在为自己尽力，你帮助人越多，别人越感激你，对你的回报也就越大。

在一场战役中，上尉发现一架敌机向阵地俯冲下来。在他正准备卧倒的时候忽然看见不远处有一个小战士还站在那儿。他顾不上多想，一个鱼跃飞身将小战士紧紧地压在了身下。一声巨响，飞溅起来的泥土纷纷落在他们的身上。上尉拍拍身上的尘土，回头一看，顿时惊呆了：刚才自己所处的那个位置被炸成了一个大坑。

帮助别人是一种高尚的行为，就像阳光一样，无私地普照着大地，让每一个热爱生活的人都能感受到阳光的灿烂。生活中，我们需要别人的帮助，同时，别人也需要我们的帮助。只有互相帮助，我们才能生活得更美好、更快乐。

石油大王洛克菲勒曾经说过这样一句话："当红色的蔷薇含

苞欲放时，唯有剪除四周的枝叶，才能在日后一枝独秀，绽放成艳丽的花朵。"洛克菲勒积累了大量财富，建成了一个跨国公司，可是很多人却不喜欢他。一天他遇见了一位牧师。牧师跟他讲："你认为人生真正的幸福快乐是什么？你用尽心血将企业办得这么大，但很多人还是恨你，这样的生活你觉得有意义吗？"洛克菲勒听后，思想上发生了变化，于是改变了自己的价值观，认为帮助别人才是最大的快乐，他提前退休，开始大量做善事，直到 95 岁去世，成为美国最大的慈善家。

被别人需要，是人的一种天性，也能体现出一个人的价值。在一定的情况下，一个人如果不被别人需要，生存也就失去了意义。老子说："尽力照顾别人，我自己就更加充实；尽力给予别人，我自己就更加丰富。"古语有云："穷则独善其身，达则兼济天下。"自然之道的规律是，盈满多余的地方就会自然减少，而欠缺不足的地方会自然增加。所以聪明的圣人从中得到感悟和智慧：当自己满足时，决不去炫耀，反而会贬损自己。一旦自己多余的时候，就会有多余的东西补给那些欠缺的人。在贬损了自己的同时，别人也得到了好处，你与别人的关系自然也就好了，自然不会产生什么矛盾。由此看来，领先一步的人根本没有必要得意。给他人一些帮助，使他人感受到真诚的平等，会得到他人永远的感谢。

帮助别人就是帮助自己

一个伸手不见五指的夜晚，有一位僧人走在漆黑的路上，因为路太黑，僧人被行人撞了好几次。为了赶路，他继续向前走，走着走着就看见有人提着灯笼向他走过来，这时候有人就说："这个盲人好奇怪，明明看不见，每天晚上还打着灯笼！"

僧人被那个人的话吸引了，等那个打灯笼的人走过来的时候，他便上前问道："你真的看不见吗？"

那个人说："是的，我从生下来就没有见过外面的世界和光明，对我来说白天和黑夜是一样的。我甚至不知道灯光是什么样的！"

僧人不解，问道："既然你看不见，那每天提着灯笼是为什么呢？是为了迷惑别人，不让别人认出你是盲人吗？"

盲人不慌不忙微笑着说："不是的，我听别人说，每到晚上，人们都变成了和我一样的盲人，因为夜晚没有灯光，所以我就晚上打着灯笼出来。"

僧人十分感慨道："你的心地多好呀！原来你是为了别人！"

盲人急着回答说："不是这样的，我为的是自己！"

僧人更加不解，问道："这又是为何呢？"

盲人答道："你刚才过来有没有被人碰撞过？"

僧人回答说："有呀，就在刚才，我被两个人给碰到了。"

盲人说："我是盲人，什么也看不见，但我从来没有被人撞到过。因为我的灯笼既为别人照了亮，也让别人看到了我，这样他们就不会因为看不见而碰我了。"

僧人似有所悟，原来我们在照亮别人的时候同时更照亮了自己。

人生是一场旅行，在人生的道路上，难免会遇到一些挫折与坎坷，但你是否知道搬开别人脚下的绊脚石，有时恰恰是为自己铺路呢？

为人处世，不能仅有一己之私。俗话说得好，与人方便，就是与己方便，帮助别人就是在帮助自己。点燃手中的蜡烛，照亮别人，更是照亮自己！

一位哲人曾经说过这样一句话："一个不肯帮助别人的人，他一定会在有生之年遭遇到大困难，并且大大伤害到其他人。"帮助别人，虽然从本质上看是一种付出和奉献，但从效果上看，你在帮助别人的同时也获得了人格的提升。况且，有些人因为帮助别人，甚至还得到意想不到的回报。

朋友是两颗真诚的心

《左传·成公八年》："君子曰：'从善如流，宜哉。'"意思是说，采纳高明、正确的意见和建议，接受大家善意的规劝，比喻乐于接受别人正确的意见。

朋友的类型有很多种，酒肉朋友也是朋友的一种，知心朋友也是朋友的一种，共患难也是朋友的一种。可是真正的朋友是什么呢？怎样才能交到真正的朋友呢？答案很简单：真诚待人。

把你的真诚注入到你的言语中

我们都希望得到别人的真诚相待，一切都是相对的，要想别人真诚待你，你就应当首先主动真诚地去对待别人。你怎样待人，别人也会如何待你。你与人为善、真诚待人，别人通常也会反过来如此待你。

张三有一天去商场买电器。当他走进一家电器商店后，一台音色清纯透亮，低音浑厚震撼力强的音响引起了他的注意。就在这时，一位男售货员热情地迎上来，满脸职业微笑，开始主动地向张三介绍这种新产品。这位售货员讲解得很专业，语言也很流畅，从性能优势到结构特点，从性价比到售后服务，都娓娓道来，还进行了演示。

刚开始，这位售货员热情而熟练的介绍感动了张三，令张三对产品产生几分好感。正当张三要问他一些什么的时候，他却还在连珠炮似地讲着，张三怎么也插不上嘴。他不管张三懂还是不懂，也不管张三的反应如何，反正就在张三的面前喋喋不休地一直讲下去，好像张三不掏钱买下这个产品就不会甘休。

这时候张三的心里开始有几分不悦了。当听到他褒扬自己的品牌而贬低其他品牌时，张三开始对他的动机产生了疑问：这个人夸夸其谈，那他所说的产品性能真的有那么高超吗？一瞬间这种疑虑把先前产生的好感一扫而光。可是出于礼貌，张三并没有马上走开。正好这时又来了一位顾客，张三也就借机离开了商店，把售货员因为白费了口舌而表露出的几分失望和怨愤抛在了身后。

张三一直在思考，这位售货员绝对是一位训练有素且内行的推销员，但却又是一个不懂得说话奥妙的推销员，他那滔滔不绝的介绍反而扑灭了顾客的购买欲望。

可见说话的魅力并不在于说得多么流畅，多么滔滔不绝，而在于是否能表达真诚！最能推销产品的人并不一定是口若悬河的人，一定是善于表达真诚的人。如果你能够用得体的话语表达出你的真诚的时候，你就赢得了对方的信任，建立起人际之间的信赖关系，对方也可能由信赖你这个人从而喜欢你说的话，进而喜欢你的产品。

不但推销员讲话要表露真诚，我们日常生活中的说话也是同样道理。因此，我们说要想成为一个成功的领导者，首先要想到的是如何把你的真诚注入到语言之中，怎样才能把自己的心意传达给对方，让对方知道。只有当听众感受到你的诚意时，他们才会打开心门，接收你的内容，进而令彼此之间产生并实现沟通和共鸣。

真诚是深藏在我们内心深处的财富，就像钻石埋在深处一样，内在的东西比表面的东西更重要。

从善如流，让你广结善缘

如果你要想别人对自己有所回报，就要学会自己先对别人付出。你善待了别人，生活也会善待你。你无意中做了一点点的善事，有时往往可以让你得到意想不到的收获。哪怕是失败，也可以从中获取教训，在失败中赢得一份智慧也是一种收获。

当你尊重别人的时候，也会受到别人的尊重；你重视别人，别人也才会重视你；你对人礼貌，别人也会以礼待你；你对别人热情，别人也会热情待你。而这些与身份地位等外界因素丝毫无关。

中国有句古训："行善积德。"有的人心怀善心，同情弱者，帮助别人渡过难关；有的人施以善举，慷慨解囊，济人之困；有的人扶善抑恶，挺身而出，见义勇为……这些善行善举，彰显了人们高尚的精神风貌。

别人有时候就是自己的一面镜子，从别人身上可以找寻自己的影子，让你更清楚地看到自己的不足并改正和完善。当你身上的某些缺点在别人那里也存在时，你是用什么样的眼光看别人，就会知道别人也是用怎么样的眼光看你。同时也就知道了自己在别人心目中的位置和分量，而且也可以让你对于别人不经意间的犯错抱一种理解与宽容的态度。

我们总是想得到得更多，可是，有没有想过，不付出哪会有收获。有些事情在我们看来只是笑笑而已，可即便是如此的小事也不愿意去做，为何就那么吝啬，不屑于去做呢？不管你在人生的舞台上多成功，多有能力，只要是人，就总会有求人的时候。闭门羹我们都"吃"得不少，你把你的大门对别人关上，当有一天你需要别人帮助时，别人也会把对你的大门关上。你不要责怪别人，先检讨一下自己，你有善待过别人吗？

一个人能够不为非作歹，而且可以积极作出有益社会有益人群的事，就是一种善行。行善的结果，不仅大家都会受惠，个人也必可获得裨益。具有善良之心，多行善举，不仅助人，也能使自己获得快乐。正如一句名言所说："一种纯粹的快乐，只有在行善时才能得到。"

善行必会衍生出另一个善行，善行终会招来善报。这是世间最强劲的连锁反应之一。

红顶商人胡雪岩是位儒商。有一次，一位商人在一次生意中栽了跟头，着急需要一大笔资金来周转。为了救急，他拿出自己全部的产业，想以非常低的价格转让给胡雪岩。胡雪岩不仅答应了他的要求，还按市场价来购买对方的产业，这个数字大大高于对方转让的价格。

那个商人十分惊愕，不明白胡雪岩为什么连到手的便宜都不占。胡雪岩让他放心，说自己只是暂时帮他保管这些抵押的资产。

等到商人渡过了这一难关，随时来赎回这些房产，只需要在原价上再多付一些微薄的利息就可以了。商人对胡雪岩这一举动表示十分感激。

胡雪岩的下属对此举十分不解，不明白为什么到手的便宜还不占。胡雪岩对他的下属讲了一段自己的经历：

"有一次，正在赶路的我遇上大雨。我恰好带着伞，便帮着人家打伞。后来，下雨的时候，我就经常会帮一些陌生人打打伞。时间久了，那条路上的很多人都认识我。有时候，我自己忘了带伞也不用怕，因为会有很多我帮过的人为我打伞。"

胡雪岩微微一笑："你肯为别人打伞，别人才愿意为你打伞。那个商人的产业可能是家里几辈人积攒下来的，我要是以他开出的价格来买，当然很占便宜，但这个人可能就一辈子都翻不了身了。这不是单纯的投资，而是救了一家人，既交了朋友，又对得起良心。谁都有雨天没伞的时候，能帮多少就帮多少吧。"

后来，商人渡过了难关，赎回了自己的产业，也成了胡雪岩最忠实的合作伙伴。

广结人缘的人，一旦有事，无疑最终会逢凶化吉，能够成就更大或更多的事业，正所谓是"得道多助"，"吉人天相"。

一些调查资料表明，善良的人乐观向上，喜欢微笑，会把时间用在快乐的事情上。不善良的人常对别人怀有恶意，把时间常放到算计他人身上。因此，不善良的人要比善良人的生活质量低、寿命短。

从善如流，使我们的生命得到了无限的延伸，广结善缘。虚空无有定相，无所不相，所以能成其宽广；居高而下的流水，不拘形式，所以能够润泽大地万物。从善如流，不仅可以恩利自己，也可惠泽一方。

珍惜指尖的缘分

古语有云："逝者如斯，不舍昼夜。"失去的东西，有多么地不舍终究也无法挽回，就像时间，就像我们失去的友谊。

人活一世，那些功名利禄都是身外之物，只是你人生的小小点缀而已。我们渴望真情，因为真情难得，也容易失去。所以我们应学会珍惜，只有如此，在失去的时候才不那么遗憾。

失去的友谊很难再挽回

朋友之间的相处，伤害往往是无心的，帮助却是真心的。朋友之间相处的时候，忘记那些无心的伤害，铭记那些对你的帮助，你会发现这世上你有很多真心朋友……

朋友因彼此相知和相信走在了一起，也会因为彼此的差异而分道扬镳。如果要想保持友谊的持久新鲜，就必须在日常生活中时时注意，事事注意。那些小矛盾、小摩擦，能过去的就让它过去吧。自己吃亏就是朋友占便宜，这样也没什么不好。

朱叶和王虹是大学同寝室同学，两个人很相似，同样独立有想法，常常觉得不被世界所理解，反而两个人比较谈得来，视对方为知己。两个人同进同出，不管是上课还是在图书馆，无论吃饭还是跑步，都形影不离。两个人对于事业、爱情等的看法都差不多，而且彼此鼓励着要坚持立场。

两个人的生活节奏原本并不一致，朱叶是个急性子，什么都特别快，起床后不到 5 分钟一切都搞定；王虹是个慢性子，每件事都做得特别精细，什么用完了都要放到原处，每次洗漱收拾都要半个小时。起初，王虹总是让朱叶先走，不用等她。可是，朱叶还是想跟她在一起。后来时间久了，两个人慢慢找到了默契。朱叶就是晚起 10 分钟，王虹也有意识地加快步骤，这样，事情就解决了。两个人还是形影不离。

大二的时候，一个男生追王虹追得紧，朱叶对那个男生虽然并不看好，可是还是鼓励她坚持自己的选择。王虹最终招架不住就答应了，然后不到两个月就分手了。朱叶没有责怪她，还让她不要后悔。就这样，两人虽然有不愉快的时候，最后还是过去了。

可是，一颗隐藏的炸弹始终横亘在两个人当中。那就是财富观念的差异。朱叶家境富裕，从小花惯了，大手大脚；相反，王虹却是个理财高手，什么都精打细算。两个人一起出去吃饭、玩啊，原本可以 AA 的，可是朱叶总是抢着付钱，这让王虹很为难。

你说，人家今天请了，明天请了，你能不回请吗？一来一回，总是会增多开销的。而且朱叶选择的饭馆、旅游景点总是很贵，王虹就觉得钱上很吃紧。而朱叶呢，就觉得王虹很小气，而且斤斤计较，好几次她都觉得不舒服。但是关于这件事，二人都没有说什么，认为就这点小事而拿出来计较太不值得。可是，随着时间的流逝，这一点一点不舒服的感觉就越聚越多，特别是到了大三，花钱的地方多了，更显出两个人在这方面的紧张。

有一天，两人之间积累的矛盾终于爆发了。朱叶一次没去买饭，就随手拆了王虹的桶装饼干吃。王虹回来，看到饼干盒子没有盖好，就问怎么回事。朱叶像往常一样，大大咧咧地说我饿了，就吃了几块。没想到，王虹的脸一下子就变了，嘟嘟囔囔说了好多。大概就是：总是别人不在的时候拿东西，吃也就吃了，总得把盖子盖好的。总之，她的牢骚就放在了"没盖好盒子"这个问题上。这让朱叶很恼火，她觉得王虹虚伪，明明是心疼我吃了她的饼干，却要拿盒子说事儿，这分明比"指桑骂槐"更狠毒。可是，自己的确无理，竟不知如何还嘴，竟像个孩子一样哭起来。她哭得那样伤心，坐在了桌子底下，把寝室的人吓坏了。她能不伤心吗？那是她最好的朋友啊。王虹也有点后悔了，可是她心里也是有气。前几天，朱叶非要拉着她参加英语口语培训，一眨眼几百块钱就没了，她心疼啊。

最后，就是因为这几块饼干，两人从此再也没有说话。直到大学毕业离校的时候，两人也没有任何表示。两个都是很倔强的女孩，即使后悔也不会说吧。

后来，王虹去了南方，朱叶在北方读研。几次同学倡议聚会，两个人都没参加。朱叶研究生毕业之后，也到了王虹所在的城市工作。这么大的一个城市，两个人偏偏又遇见了，在一次会议上。这时，已经毕业了五年。虽然时间隔了这么久，按理说再深的误会也该彼此寒暄几句，可是两人都没有这么做，只是相互看了对方一眼，然后各自走开了。

案例中两人的友谊最终就像时间流逝那样再也无可挽回了。唯一值得庆幸的是，这件事对两个人的影响都很大，在以后的路途中，彼此都懂得应该如何呵护友谊了。

我们总是在失去的时候觉得太突然，一下子接受不了，其实任何事情都不是意外，任何质变都是同量的积累过程。人生是一场旅行，那些失去的风景，我们再也无法找回。清水如斯，不舍昼夜地流走再也不回头；时间如斯，朝着死亡的方向不紧不慢地行走；友谊如斯，不要让结伴而行的路途变成孑然一身。

每一份真情都是缘分

　　世间不论什么样的生灵之间仿佛都有着早已注定了的缘分，何时相识，何时相遇，何时离别，何时重逢，冥冥之中早有安排，且这种安排不是由人力所能随意改变的。缘分到来的时候，你的内心可能充满着希望、感动，感谢上天赐予了你这样的一个伙伴，能与他共度一生是你最大的梦想；然后人世间有聚便有散，天下没有不散的宴席，谁也不能与你终老，有的缘分最终会离去……在你的伙伴以及那与他共度一生的梦想逝去的一刹那，你的内心必将充满惶恐。空虚、无助、痛苦妄图摧毁你那颗脆弱的心，因为在你的记忆中充斥着对他的回忆，点点滴滴的往事将久久萦绕于你的脑海之中。这就决定了我们要学会珍惜身边的每一份真情，因为每一份真情都是珍贵的缘分。

　　感情是意识范畴的一个信念，在人与人的交流里它会突然地出现，有情才有感，因有感又丰富了你的情。我们的人生中因为可以和不同的人相识相交，而使生活变得多姿多彩。当尘封已久的羞涩心灵开启时会让你的感情丰满起来，"情感一点一滴的滋润与回报，良心一丝一缕的清白与坦诚，灵魂一寸一分的纯净与善良。"这些都是感觉给你带来的真情感受。我们只需要好好珍惜和欣赏就够了。人有千百种，树叶有千万种，我们不能都拥有，只要我们能够欣赏，学会珍藏一份情。

能有一个人关心过、牵挂过、喜欢过、欣赏过就是幸运的，也是快乐的。它让我们明白，人生是一场旅行，在旅行的路上，你并不是一个人，你不是寂寞的、孤独的、无助的。这份情会让你在以后的日子有了更多的幸福和自信把那份心动永远埋藏在心里，学会用含泪的微笑为对方祝福。

女孩的母亲在世的时候，每天都要给她打几个电话："下雨了，带把伞。""天冷了，加件衣服。""多吃点饭，别光想减肥。"她感到十分厌烦，每一次接电话，都会嚷嚷："妈，我又不是三岁的孩子。"后来，女孩的母亲去世了。有一天下雨时，忘带雨伞的她走在雨中，一下子想起了母亲，她的眼泪流了下来。那一刻她终于明白，世界上最爱她的人已经不在了。在母亲活着的时候，她不曾珍惜。

有一位男士，与妻子的关系一直比较紧张。男士总是很烦妻子事事都要管着他：不许抽烟、不许喝酒、不许打麻将……他终于离她而去，尽情享受自由的生活。但好景不长，没过多长时间，他就因纵酒过度住进了医院。独自躺在医院的病床上，他心里想起以前生病的时候，他通常能喝到一杯妻子熬好的红糖姜茶……他终于明白，前妻的爱，就像夏日的阳光，热辣辣地让他想要躲开。而在失去后，他不知道自己该拿什么来抵御人生漫长的寒冬……

人生中那些如同阳光一般平凡而宝贵的情感，一旦失去，就再也不会回来了。

人世间最宝贵的东西莫过于真情，最美的莫过于缘分，两者同样都是可遇而不可求的，它们会在你毫无准备的不经意间与你邂逅，相反，它们也会在你的犹豫与抉择间与你擦身而过，走得竟是那样的匆忙，就像风一样没有一丝痕迹；如光般闪逝，让你后悔莫及。现实生活中有许多的人或事即是如此，当你信心满满地认为明天依旧可以有机会去面对它们的时候，它们却在你回头的一瞬间因你曾经的优柔寡断而与你失之交臂了，这是多么的可惜，多么的无奈，使你欲寻却不知何处，唯有眼睁睁地看着它们离你而远去……所以，一定要加倍珍惜你身边你在乎和在乎你的人，珍惜身边的每一份真情。

第11章　家永远是旅行回程的港湾

　　若把亲情、友情、爱情这三种感情排名，有的人选择爱情是第一，可是当爱情走到一定路程的时候，就会变成亲情。可见，亲情对我们是如此的重要。家，永远是你温馨的港湾，不论你是贫富贵贱，家人都一如既往地等着你的归来。

家是心灵的港湾

是谁一直默默守候在你的左右？是谁一直牵挂着你？是谁一直期盼着你早日归家？很多人一年到头在外面漂泊，家对这类人的影响越来越淡。

你是否想过，当你在外面漂泊之时，一直有两位老人在牵挂着你，牵挂着你平平安安，祝福着你事业顺心，祝福着你婚姻美好。这就是我们的家人，这就是亲情的力量。

家人是我们一生的牵绊与幸福

家人，是我们这辈子摆脱不掉的牵绊和幸福。家人不会像外面的人那样奉承你、猜测你、取悦你；也不会像外面的人那样嘲笑你、冷落你、算计你。他们怀着爱与关怀看待你的一切。他们不说好话，也不说坏话只说实在话。正因为有家人的守护，家庭才成为心灵的港湾。

林肯说："我之所有，我之所能，都归功于我天使般的母亲。"

安德鲁·杰克逊说："对母亲的记忆和她的教诲是我人生起步的唯一资本，并奠定了我的人生之路。"冰心说："母亲啊！你是荷叶，我是红莲，心中的雨点来了，除了你，谁是我在无遮拦天空下的荫蔽？"摩尔说："走遍天涯寻不到自己所需要的东西，回到家就发现它了。"由此可见，家人在我们生命中多么的重要，家人就是那个在你最需要的时候，第一时间毫不犹豫地给予你温暖和支持的人。不管你在外面的世界过得怎么样，是否风光和体面，可是当你归来时，总会有人在等你，你是否珍惜了？

现在我才想到，当年我总是独自跑到地坛去，曾经给母亲出了一个怎样的难题。

她不是那种光会疼爱儿子而不懂得理解儿子的母亲。她知道我心里的苦闷，知道不该阻止我出去走走，知道我要是老待在家里结果会更糟，但她又担心我一个人在那荒僻的园子里整天都想些什么。我那时脾气坏到极点，经常是发了疯一样地离开家，从那园子里回来又中了魔似的什么话都不说。母亲知道有些事不宜问，便犹犹豫豫地想问而终于不敢问，因为她自己心里也没有答案。她料想我不会愿意她跟我一同去，所以她从未这样要求过，她知道得给我一点独处的时间，得有这样一段过程。她只是不知道这过程得要多久，和这过程的尽头究竟是什么。每次我要动身时，她便无言地帮我准备，帮助我上了轮椅车，看着我摇车拐出小院；这以后她会怎样，当年我不曾想过。

有一回我摇车出了小院，想起一件什么事又返身回来，看见母亲仍站在原地，还是送我走时的姿势，望着我拐出小院去的那处墙角，对我的回来竟一时没有反应。待她再次送我出门的时候，她说："出去活动活动，去地坛看看书，我说这挺好。"许多年以后我才渐渐听出，母亲这话实际上是自我安慰，是暗自的祷告，是给我的提示，是恳求与嘱咐。只是在她猝然去世之后，我才有余暇设想。当我不在家里的那些漫长的时间，她是怎样心神不定坐卧难宁，兼着痛苦与惊恐与一个母亲最低限度的祈求。现在我可以断定，以她的聪慧和坚忍，在那些空落的白天后的黑夜，在那不眠的黑夜后的白天，她思来想去最后准是对自己说："反正我不能不让他出去，未来的日子是他自己的，如果他真的要在那园子里出了什么事，这苦难也只好我来承担。"在那段日子里——那是好几年长的一段日子，我想我一定使母亲作过了最坏的准备了，但她从来没有对我说过："你为我想想。"事实上我也真的没为她想过。那时她的儿子，还太年轻，还来不及为母亲想，他被命运击昏了头，一心以为自己是世上最不幸的一个，不知道儿子的不幸在母亲那儿总是要加倍的。

上面是节选自史铁生《我与地坛》中的一段，现实生活中的我们是否也如史铁生一样，只顾着自己的生活，自己的感受，而忘记了还有人在陪着你一同经历。你快乐他就快乐，你难过她也难过。或许你正迈向事业的巅峰，人生无限风光；或许你正陷入生活的泥淖，悲悼着自己的不幸而不可自拔；或许你正筹划着伟大的征程，准备扬帆起航；或许你正徘徊在寂寞的边缘，不知何去何从……不管你处于怎样的境地，都别忘了你有人可以分享。你的家人一直在等待着你的归来，与其费尽心力地去外面寻求，不如静下心，好好享受和家人的时光。

感恩的心，感知美好

我来自偶然，像一颗尘土，有谁看出我的脆弱？

我来自何方，我情归何处，谁在下一刻呼唤我？

天地虽宽，这条路却难走，我看遍这人间坎坷辛苦；

我还有多少爱，我还有多少泪，要苍天知道，我不认输！

感恩的心，感谢有你，伴我一生让我有勇气做我自己。

感恩的心，感谢命运，花开花落我一样会珍惜。

用心体会感恩

我们的生命是相互依存的，每一样东西都依赖着其他每一样东西。比如父母的养育、配偶的关爱、师长的教诲、他人的服务，人自从有了自己的生命起，便沉浸恩惠的海洋里，一个人真正明白了这个道理，就会怀着一颗感恩的心感知世界。

感恩是无处不在的，感恩是一种心态，也是一种境界。对恩人感恩，这是无可厚非的，但是不仅仅恩人才值得感恩。生活中一切事物和事情都存在着感恩的情结，父母的恩情、大自然的一花一木、恋人的爱情、朋友的情谊、生活中的挫折境遇、自己的追求和信仰……都需要我们用感恩的心态去感知和对待。人的一生纠缠着很多事情、亲情、爱情、友情、成功、得失、进退、荣辱……总有一些带给你苦痛，总有一些带给你欣喜，人生就是五味杂陈。只有常常感恩，才能时时收获慰藉和幸福。

感恩是一种处世哲学，也是生活中的大智慧。一个智慧的人，不会为自己没有的斤斤计较，也不应该一味索取或使自己的私欲膨胀。每天怀有感恩地说"谢谢"，不仅仅是使自己有积极的想法，也使别人感到快乐。当别人需要帮助的时候，伸出手拉对方一把；而当别人帮助自己时，以真诚的微笑表达感谢；当你悲伤时，有人会抽出时间来安慰你，这些小小的细节都是一颗感恩的心。

滴水之恩当涌泉相报的境界即使我们无法做到，但是滴水之恩滴水相报总是人之常情。善待他人就是在善待自己。能帮人处且帮人，能饶人处且饶人。

我的手指还能活动；

我的大脑还能思维；

我有终生追求的理想；

我有爱我和我爱着的亲人与朋友。

"霍金先生，卢伽雷病已经将你永久固定在轮椅上，你不认为命运让你失去许多的出路吗？"在一次学术报告后，一名记者对数学大师提出这样的问题。大师的脸上充满微笑，用他还能活动的3根手指叩击键盘，显示屏上出现了上面四段文字。

霍金身上唯一能动的就是3根手指和一个能思维的大脑。这个人生的斗士，这个智慧的英雄，除了他超人的意志之外还靠什么？靠的是爱，如果没有家人无微不至的照顾，卢伽雷病是不会让他活到今天的，也许他在生病之初就与世长辞了。

所以，这个如今完全可以骄傲地面对人生的人，他在回答完那位记者的提问后，又打出了第五句话："对了，我还有一颗感恩的心！"

感恩是一个人与生俱来的本性，是人类不可磨灭的良知，也是现代社会成功人士健康性格的表现。如果一个人连感恩都不知道，必定是拥有一颗冷酷绝情的心，也绝对不会成为一个对社会作出重大贡献的人。感恩，是一种对恩惠心存感激的表示，是每一位不忘他人恩情的人萦绕心间的情感。学会感恩，是为了将无以为报的点滴付出永铭于心；学会感恩，是为了将蒙尘的心灵擦亮而不致麻木。

一只大象在吃饱喝足之后正在酣然大睡。睡梦中的它突然感到身上痒痒的，好像有什么东西在它的躯体上行走。大象睁开惺松的眼睛，瞅见一只老鼠惊慌地从它身上窜过，大象不禁勃然大怒，大吼一声，伸出长鼻子准备就要打死小老鼠。

老鼠哆哆嗦嗦地哀求道："尊敬的大象先生，求您饶了我吧！我真的不是有意要冒犯您的，或许有一天我会报答您的大恩大德呢！"

大象听了老鼠的话，情不自禁地哈哈大笑，对老鼠吼道："那好吧，我就暂且饶你一命。记住这次教训，尽管你是永远不可能帮助我的！"

老鼠谢了大象后，一溜烟地逃走了。

很长时间过去了，大象早就把老鼠的事忘得一干二净，确切地说，它压根儿没把这事放在心里。

一天，大象很不幸地被猎人们抓住了。猎人们用粗绳子把大象的四只脚紧紧绑住，但是实在太重，光靠几个人根本抬不动。于是，几个猎人决定返回村去叫村民过来帮忙把大象运走，这一幕恰巧被四处觅食的老鼠看到了，于是，它决定救大象。

"您从前曾放过我一次，我说过会报答您的，"老鼠对大象说，"我现在就履行我的诺言，让您重获自由。"

"你能使我恢复自由？"大象诧异地问，"这能行吗？"

"放心吧！"老鼠回答。

说罢，老鼠开始用它的利齿啃咬捆着大象的粗绳。最终，绳子一根一根被老鼠咬断了。

大象终于获救了。

"真是谢谢你啊！"大象激动地对老鼠说。

"我会报答您的，我曾对您保证过，我现在履行了自己的诺言，"老鼠平静地说道，"想当初您压根儿也不会想到今天我会救了您吧，在您眼中，我一个弱小的老鼠不可能会帮助您。但事实证明，我做到了。"

你对我有情，我就会对你有义，聪明的人都会多做善举。世界上，谁都有需要帮助的时候，无论它看起来是多么的强大。

土地如果失去了水分的滋润就会变成沙漠，人心如果没有感激的滋养会变得荒芜。知恩图报是一个人应有的品德，人们都应该信守自己的诺言，对于在危急时刻给予我们的帮助，我们更应该加倍地报答和偿还。这是做人的本分，也是人格的修养。

人生是一场旅行，感恩于人生路上的拥有，因为这是我们应得的；感恩那些路上的失败，因为失败强化了我们的意志。别拒绝困难与挫折，困难在古希腊语中，意为"上天授予之物"，接纳后才有惊喜，拥有一颗感恩的心才能感知世界的丰富和美好。

时刻抱着一颗感恩之心，你将会变得更快乐

"感恩意味着一种责任。"感恩，说明一个人对自己与他人和社会的关系有着正确的认识。学会感恩，就是在这种正确认识之下产生的一种责任感；学会感恩，让人们正视错误，互相帮助；学会感恩，让人们可以认真、务实地从最细小的一件事做起；学会感恩，人们对许多事情都可以平心静气；学会感恩，人们自发地真正做到严于律己宽以待人；学会感恩，人们将不再孤独。

"感恩"是一种生活态度，也是一种品德。感恩可以消解人们内心所有积怨，可以涤荡世间一切尘埃。感恩是一种做人的原则，懂得了感恩，学会了感恩，每个人都会拥有无限的快乐和一生的幸福。

感恩绊倒你的人，因为他们强化了你的意志。世间虽然尔虞我诈，但请不要轻言放弃，要勇敢地面对。请相信，只要你坚持，阳光就在风雨后。压力就是你的最好动力，越挫越勇的精神只会在无形中强化你的意志。所以，请感恩绊倒你的人。

感恩遗弃你的人，因为他们教会了你要独立。我们总无法拒绝独立，因为亲人不可能一生陪伴在你身边。感恩他们的及早放手。有一种爱叫放手，因为他们的放手我们才学会了独立。

感恩斥责你的人，因为他们让你学会了思考。人与人之间的相处过程中，有欣赏就有斥责。我们在被别人斥责的时候，先别着急生气，不妨反思一下自己，静下心来想想在今后的生活中要怎么做好。所以请感恩斥责你的人，是他们让你学会了思考。

感恩伤害你的人，因为他磨砺了你的心志。我们的成长，总是难免受到外界的伤害，人生不可能一帆风顺，当你的真诚换不回来等同的回报，请不要怨天尤人。每一次伤害都是对你人生的洗礼，每一次伤害都是一种崭新生活的开始。舔舐伤口，把痛楚化作前进的动力，相信终有一天你会化茧成蝶。所以，请感恩伤害你的人，是他们磨砺了你的心志。

感恩欺骗你的人，因为他增长了你对人生的阅历。生活中有真诚就会有欺骗，当你被骗，所谓吃一堑长一智，害人之心不可有，防人之心不可无。所以，请感恩欺骗你的人，因为有了他们的欺骗，才让我们无形中增长了社会阅历。

泥土心存对广袤大地的感恩，在田野里散发沁人的芬芳；溪水心系对巍峨高山的感恩，从山涧低吟下泻；小草心存对阳光雨露的感恩，一岁一枯荣之后又萌发新绿；雄鹰心存对蓝天白云的感恩，在清寒玉宇中展翅高飞。我们生活在感恩的世界里，感恩生命的伟大，感恩生活的美好；感恩父母的言传身教，感恩老师的谆谆教诲。我们感恩大自然赋予生命的一切恩泽。

如果你想来表达你对别人或生活的感恩，你可以试着做下面几条：

1.养成感恩习惯。对每一天进行感恩，并特定在某些人身上，因为你可以感谢生活！感谢今天又是新的一天。

2.不求回报的小小善意。不要为了私利去做好事，也不要因为善小而不为。行动强于话语，说声"谢谢"不如做一件小小善事来回报他。

3.小小的一份礼物。礼物不需要有多的贵重，小小的礼物也足够表达你的感恩了。

4.公开感谢别人。在一个公开的地方表达你对他人的感谢，例如在与朋友和家人交谈的时候等。

5.给他们意外惊喜。在他人意料之外，给他人送去一丝感动，一丝惊喜。

6.对不幸也心怀感激。如果生活误解了你，使你遭遇挫折与打击，你也要怀有感恩。不是让你感激身边的遭遇和伤心，而是去感恩那些一直在你身边的亲人、朋友；你仍有的工作、家庭；生活依然给予你的健康和积极的心态。

天底下最富有的人就是一个懂得感恩并知恩图报的人。感恩是一种良知，是一种动力。人有了感恩之情，生命就会得到滋润，并时时闪烁着纯净的光芒。永怀感恩之心，常表感激之情，人生就会充实而快乐。

体会幸福的天伦之乐

词典里给出天伦之乐的解释很简单，天伦之乐指的是家庭亲人之间团聚的快乐。虽简单，可是我们用心体会了吗？生活中，我们都在扮演着不同的角色，为人儿女，为人父母……做儿女的有做儿女的职责，做父母的有做父母的职责。我们要努力尽好自己的职责，既要做个孝顺的儿女，同样需要做个称职的父母。

怀着美好的希望去生活

人们常说一家几代人的常聚和长居的幸福就是天伦之乐。是的，这种举家团聚合家欢喜比离散好。可这人数、人员上的整齐聚居或聚集，只是外貌的圆满，其实，真正的天伦之乐除了家庭成员的团聚之外，还应有成员之间感情的默契、心灵的沟通、气氛的和谐和相互的理解。有很多的家庭由于缺少后面这个条件，形似圆满幸福，其实并不欢乐。

俗话说，"家家都有本难念的经"，不管这本经有多么难念，也得念下去，并且还要怀着美好的希望念下去。

张爱玲说："有些事有很多机会做的，却一天一天推迟，想做的时候却发现没有机会了。"

小刘是一名打工仔，从湖南来。家里一共五口人，父母加上他和两个姐姐一个哥哥。小刘说自己出来打工，最不放心的就是父亲和哥哥的关系，"因为一次哥哥与父亲因为一点小事就拌了几句嘴，事后哥哥找父亲赔不是，但父亲没理，性格倔强的哥哥就再没有找父亲说过一句话。其实心里都挺挂念对方的，去年中秋的时候，哥哥还寄来钱让我给父母买保健品，父亲也时常来电话让我劝哥哥找个对象结婚。"

小刘说，父亲和哥哥的别扭已经持续了好长的时间，"今年春节回家，我一定要让他们和好，全家人和和美美地过一个快乐的春节。"

孝敬父母就在当下，哪怕是陪他们吃一顿家常便饭，哪怕是给父母捎去喜爱的食物，哪怕是陪他们一起聊聊天……不要当父母离开我们的时候，让思念的泪水叩击我们的心灵，内心的隐痛被流逝的岁月所代替。我们孝敬父母的时间能有多少，一转身可能就是一世。

不能从心里尊敬父母，就不是真正的孝道

《论语》中有这样一句："父母之年，不可不知也，一则以喜，一则以惧。"于丹教授给出的解释是，牢记父母的年龄，一方面会因为高堂健在而高兴，另一方面又会为他们已入暮年而忧惧。"子欲养而亲不待"是一种最深沉的悲哀。于丹教授深情呼吁："经历了动荡的 2008 年，我们更知道生命的仓皇和无常，如果我们内心对父母有爱，那就马上行动，不要等到明天。"

我们都知道要孝敬父母，可是不是每个人都能做到孝敬父母，不是每个人都清楚应该怎样尽孝道。有人认为，买房子，请保姆，吃大餐，去旅游就是孝顺父母，其实，这只能做到"外安其身"。孔子说："今之孝者，是谓能养。至于犬马，皆能有养，不敬，何以别乎？"意思是说，如果不能从心里尊敬父母，就不是真正的孝道。于丹教授从中提炼出更深刻的孝道：内安其心。

报纸上曾经报道过这样一条新闻。一辆装着硫酸的卡车和一个载着四口之家的拖拉机相撞了，卡车翻倒在路旁，罐子里的硫酸流到了路旁的深沟里。拖拉机也翻了车，车上的两个孩子滚落在路旁的深沟中不省人事。孩子的母亲疯了一样地冲进

沟中，将孩子一个个救了上来，但这位母亲因为全身大面积烧伤而失去了生命。

这条新闻让我们感动，但是却并不稀奇，因为如果换做是其他的母亲，也大多会如此的，因为父母为了救孩子而失去生命的故事太多了，多到让人们习以为常，觉得天经地义。

我们作为儿女离开了父母身边开始为自己的生活打拼，标榜着孝敬的大旗聊以自慰，心安理得地将父母放在了身后。但当听到父母接起电话的那份惊喜时，你有没有恍然大悟，其实父母需要的是关怀。

曾经有这样一个采访，采访对象是一个老人，当记者问这位老人究竟需要什么的时候，老人回答的结果大出在场人员的意外，这个答案足以让天下的儿女汗颜，原来他们最需要的竟然只是儿女简单的陪伴，他们觉得能和儿女说说话就心满意足了。我们不知道这是不是该算作老人的一个愿望，却知道这竟然是大多数子女没有办法给予老人的举手之劳。有多少人都亲眼目睹了亲戚朋友在父母去世时的悲痛欲绝，那种悲痛中是不是也蕴藏着作为一个子女无法弥补的悔恨呢？树欲静而风不止，子欲养而亲不待。

如果把子女与父母关于付出来进行对比这只是徒劳的，因为子女可以是父母的全部，但父母却只是子女的一个起点，子女有太多的理由去忘记远方甚至身边的父母。比如为了自己的事业忙得不可开交，为了自己的家庭疲惫不堪，为了自己的子女呕心沥血。或许真的有太多的缘由可以暂时将父母放在一边，但在不经意间回首的时候，才发现那个自己心中如山般高大的父亲，如海般宽阔的母亲，如今已是白发苍苍，身形佝偻。

一曲《常回家看看》唱出了天下父母的心声，也给天下子女一个启示，孝敬父母也许听起来很大，做起来其实很小。或许对于自己的父母，我们没有办法做到如父母般的伟大和无私，但我们至少不该忘了给父母捎去一份想念和问候，他们正在苦苦等待你的消息和你的电话。

幸福是好的身体和"坏"的记忆力

幸福的家庭是什么样子的？合家欢乐？钱财满贯？儿孙满堂？父慈妻贤子孝……人心不尽，于是人们对于幸福家庭的追求是永无止境的，好了还想更好。但如果让你在众多种对家庭幸福的定义中只能选择一种，你会选什么？财富、权势、地位？恐怕大多数的人会选择健康。

也许没有悠久高贵的门第，也许没有权势在握的父母和有出息的孩子，也许没有舒适、华丽的房子，也许没有盘根错节的亲戚关系，也许只是千千万万平凡家庭的一个，努力地维持着温饱生活。可是，只要家人是健康的，那么你就有了走向幸福的基础。正所谓，"健康是福"，只有全家人健康了，才有走向辉煌明天的可能性。一个家庭崛起的起点就是健康的体魄，是一切可能性的开始。如果没有健康，纵然再有钱有势那又能怎样？无福消受罢了。虚弱的身体，病痛的折磨会让你的心冰冷，提不起劲儿往前走。

此外，拥有健康的身体还是不够的，家庭的幸福还需要有"坏"的记忆力。鸡毛蒜皮的小事该放过就放过，耿耿于怀是颗定时炸弹。

一对年轻的夫妻，两个人都是大学毕业，工作不错，都是一般家庭出身，两个人刚买房结婚没多久，所以每个月有大笔的房贷要还。为了早日脱离"房奴"生涯，结婚后丈夫工作更加努力，常常工作回来很晚，周末也会在家里加班。

新婚夫妇自然是恩爱的，但是妻子明显感觉到丈夫对自己没有以前那么上心。

"大家果然说得没错，女人是一娶到家就掉价的。"妻子这样对女友发牢骚。朋友就劝她，说男人不比女人，要养家要有事业，他需要自己的天地。妻子听后，觉得也有理，于是也就不生气了，只是偶尔发发牢骚。

两人第一次的结婚纪念日，过得很浪漫。好像又回到了大学校园里谈恋爱的时候。

后来丈夫越来越忙，工作也有了很大的起色，可是丈夫还会加班，除此之外还有了各种难以推脱的应酬。不管多晚，妻子还是在家等他回来。两个人彼此倾诉工作上的不顺心和同事之间的小隔阂，感觉轻松和温暖。

第二次结婚纪念日，两个人是分开过的，因为丈夫出差去了，虽然妻子嘴上说理解丈夫，可是心里却不好受。这次出差本可以换成其他人，是丈夫为了表现硬争取过来的。明知道是重要日子，干吗还要去抢着出差。

后来，这样的事情越来越糟糕，妻子的生日、情人节，甚至春节回娘家，丈夫都开始陆续缺席了。妻子终于有些忍不住了，就和丈夫理论，丈夫听得很不耐烦，说女人就是见识短，不懂得体贴。两个人越来越看到对方的"变化"，比如，现在的丈夫出门的时候不再道别了，不再主动地刷碗，不再在意她的衣着……而丈夫也感到妻子越来越挑剔，总是在小事上找碴儿……

第三个结婚纪念日，两个人面对面地开始谈判了。妻子列出了丈夫的种种过失，长长的一个单子；令妻子意外的是，丈夫也列了一个长长的单子，是关于妻子如何挑剔的。

两个人交换来读，这两张单子都太长了，读着读着，两个人竟笑起来：他没有按照约定去会见她的朋友、牙刷没有摆好、牙膏不是从下往上挤、在聚会时总是瞟美女的大腿、拿她的母亲开玩笑、在她生病的时候去和朋友打球……丈夫列的单子上，也同样是这样的"小细节"：总是看无聊的肥皂剧、不让他吃辣的食物，总是挑剔他的发型、在他的朋友面前表现得太小气、没有为他的母亲准备生日礼物，总是动不动就发脾气、做饭总是太淡……而这些，在结婚以前，都是彼此知道的。

那么，问题到底出现在哪里？也许他们本不该对这些小毛病太过牢记。

人生是一场旅行，而家庭是我们心灵的港湾，是我们可以放松，可以随意表露自我，可以获得温暖的地方。在家里，我们总是毫无顾忌地把最真的自己表露出来，总是渴望能得到家人的谅解和照顾，总是不想掩饰自己的情绪。在家里，我们都想做个孩子。所以，家庭不仅是我们心灵的港湾，也像是永恒的"战场"。然而说起来不过是微不足道的"不顺心"，如果一点一点地累积起来就会掀起"大风暴"。

第12章　随时"重新起程"迎接明天

　　不管昨天的你有多么的辉煌和多么的不可一世，也不管昨天的你是多么的衣衫褴褛、多么的落魄不堪，这些都不再重要。当蓬勃的太阳从东方一点点浮出海面的时候，今天又是一个新的开始。昨天的都已经过去，只有把握住今天，命运才能掌握在自己的手中。

红尘多逍遥，别让心太累

岁月蹉跎，时光荏苒，历史的长河流沙滚石，洗濯出几许清静，试问又有谁能真正跳出红尘逍遥自在呢，人活着就注定奔波与劳碌，我们能做的就是别让我们的心太累，用心享受生活，如你这样做了，请相信，那些生命中不能承受之重终会随风飘散，而快乐也会找上你的。

既要承受痛苦，也要享受生活

有这样一幅漫画：一个人正在练拉力器，可以知道他在锻炼身体。他的脸上却带着笑容，连拉力器都变成了五线谱上面跳跃着的欢快音符。锻炼身体，是一件枯燥的事，可主人公却可以做到苦中有乐。

"磨难是人生的一笔财富。"这是人们常说的一句奋进、激励的话，但学会正确对待磨难更有现实的意义，毕竟，磨难不是什么好事，也不是每个人都能承受得起的。

在一次聚会上，那些成功的实业家、明星谈笑风生，其中就有著名的汽车商约翰·艾顿。艾顿向他的朋友也就是后来成为英国首相的丘吉尔回忆起他的过去——他出生在一个偏远小镇，父母早逝，是姐姐帮人洗衣服、做家务，辛苦挣钱将他抚养成人。可是等姐姐出嫁之后，姐夫就把他撵到了舅舅家，而舅妈更是刻薄，在他读书的时候，规定每天只能吃一顿饭，还得剪草坪和收拾马厩。在刚工作还是做学徒的时候，他根本租不起房子，有将近一年多时间是躲在郊外一处破旧的仓库里睡觉……

丘吉尔惊讶地问："你以前怎么没有说起过呢？"艾顿笑道："有什么好说的呢？正在受苦或正在摆脱磨难的人是没有权利诉苦的。"

沉默了一会儿之后，艾顿又说："磨难变成财富是有条件的，这个条件就是你战胜了磨难并远离磨难不再受苦。只有这个时候，磨难才是你值得骄傲的一笔人生财富，别人在听着你的磨难的时候，也不觉得你是在念苦经了，才会觉得你意志坚强，值得敬重。但如果你还在磨难之中或没有摆脱磨难的纠缠，你所说的这些，在别人听来，无异于就是请求廉价的怜悯甚至乞讨……这个时候你能说你正在享受磨难，在磨难中锻炼了品质、学会了坚韧吗？否则，别人只会觉得你是在玩精神胜利、自我麻醉吧。"

也就是艾顿的一席话，让丘吉尔重新修订了他"热爱磨难"的信条。他在自传中这样写道："磨难，是财富还是屈辱？当你战胜了磨难时，它就是你的财富；可当磨难战胜了你时，它就是你的屈辱。"

　　苏东坡的一生是十分坎坷的。"世事一场大梦，人生几度新凉"。苏东坡在 33 岁的时候一度进入中央政权的中心，但很快由于政见不合，他便开始了大半生的颠沛流离，即便是这样也终没能逃离波谲云诡的政治旋涡。35 岁的苏东坡正当盛年，被贬杭州任通判，从此便开始了梦魇般的贬谪流放生活，按时间顺序大致排列如下：密州、徐州、湖州、黄州、登州、颍州、扬州、定州、惠州、英州、儋州。从这个被贬路线图来看，他是在离政治中心越来越远，而离黎民百姓却越来越近。林语堂说他是"贬谪到广东高山大庾岭以南的第一个人"，尤其是在海南儋州这个蛮荒之地，苏轼度过了 21 年，以至于北返常州的第二年，苏东坡便永久地离开了人世。

　　让人感慨的是，虽然苏东坡仕途上遭遇不公，经受磨难深重，他却没有抱怨，没有沉沦，也没有颓废。他总是那样乐观、豁达、乐天知命，随遇而安。所以，林语堂感叹说他是个"秉性难改的乐天派"。

　　"一点浩然气，千里快哉风"。对于那些无耻政客、卑鄙小人的中伤、攻击、流言、陷害等，他不屑反驳与回击，只是莞尔一笑，然后收拾行囊奔赴下一个流放地。在惠州的松风阁流连漫步的时候，他想到的是"此间有什么歇不得处"，能放下的是功名利禄以及个人恩怨。而百姓万民之忧乐却总是挂在他的心间。兴修水利、减免租税、赈济灾民、平反冤情、为民请命……每到一方，苏东坡总是造福一方。因此，林语堂称他是"百姓之友"。

事实上，生活中处处都有快乐，只要你热爱生活，善于观察生活。所以，我们要学会苦中作乐，享受生活。

给自己一个轻松的生活

一位哲人曾说过："你来到人世间，要想活得潇洒，活得自在，活得快乐，应该有一种乐观向上的情怀。"

事实上越来越多的人不堪承受生命之重，因为他们被物质财富和欲望折磨得疲惫不堪。

我们总是把拥有物质的多少、外表形象的好坏看得过于重要，用财富、精力和时间换取一种优越的生活，却没有发觉自己的内心却在一天天干枯。事实上，只有真实的自我才能让人容光焕发，我们需求得越少，得到的快乐就越多。

很多人会有一种挤压感，一种身居哪里都被压缩得喘不过气来的挤压。一天天变化的人，一天天变化的社会环境，让我们觉得有些措手不及，我们渴望轻松和快乐，可是却往往找不到通向轻松和快乐的通道，只有沉重的感觉如影相随地跟着我们。据调查显示，年轻人中有自杀倾向的人越来越多，原因就是他们觉得生活没有意义，极度空虚。

有时我们的内心充满了紧张压抑感，那是因为我们对不可预知的未来充满了忧虑和恐惧，俗话说，月有阴晴圆缺，人有旦夕福祸。也就是说，现实要比人们想象的复杂得多，有时并不是你所遭遇的环境使你受到挫折，而是由于你自己的想象。

一个年轻人背着个大包裹千里迢迢跑来找无际大师，他说："大师，我是多么地孤独、痛苦和寂寞，长期的跋涉使我十分疲倦；我的鞋子破了，荆棘割破双脚；手也受伤了，流血不止；嗓子因为长久地呼喊而喑哑……为什么我还没有找到心中的阳光？"

大师并没有回答他的问题，而是问："你的大包裹里装的什么？"年轻人说："它对我可重要了。里面装的是我每一次受伤后的哭泣，每一次跌倒时的痛苦，每一次孤寂时的烦恼……靠了它，我才能走到您这儿来。"

于是，无际大师带年轻人来到河边，他们坐船过了河。

上岸后，大师说："你扛了船赶路吧！"

"您说什么，扛了船赶路？"

年轻人十分惊讶："它那么沉，我怎么会扛得动呢？"

"是的，孩子，你扛不动它，"大师微笑着说，"过河时，船是有用的。但过了河，我们就要放下船赶路，否则，它会变成我们的包袱。孤独、痛苦、眼泪、寂寞、灾难，这些对人生都是有用的，它能使生命得到升华，但如果一直念念不忘，就成了人生的包袱。放下它吧！孩子，生命不能太负重。"

年轻人听了大师的一席话后，放下了包袱，继续赶路，他发觉自己的步子轻松而愉悦，比以前快得多了。

人生是一场旅行，重要的是过程，以及注满在这个过程中的心情。所以，一定要注满好心情。如果失败已经无可挽回，那么我们就把注意力移开，将自身的强烈痛苦化为永恒的美好。何必苦苦执着于那些令自己不愉快的事物上，而坚持做一个"可歌可泣"的悲剧英雄？

乐观的态度就像是孤独沙漠中的驼铃，是嘈杂乱世中一处安静的避所，是清澈小溪中的一条游动的鱼。它教会我们在痛苦中享受生活，在浩瀚无垠的生命长河中体味生命的真谛。

人总是在遭遇一次重创之后，才会明确地认识到自己的坚强和坚韧。因此，在遭遇了磨难的时候，不要一味地抱怨命运是多么地不公平，甚至从此悲观失望，厌倦世俗。要知道，在充满苦难的生命中，没有过不去的事，只有过不去的人。

燕妮与马克思可谓是一对患难夫妻，他们十分相爱，但似乎命运总是很喜欢刁难他们。在马克思被排挤的灰色时期，他们一家人只用甘薯充饥，在寒冷的冬日的夜晚，他们一家人挤在一张狭小的床上。马克思写好的论文因为没有邮费而无法寄往城市，他们的孩子因为没钱不得不退学，最后，孩子生病因为没有钱医治，病死在家中，燕妮与马克思连埋葬孩子的钱都没有。可就是在这种痛苦的环境下，燕妮说，她最快乐最幸福的时候，就是在灯光下为马克思整理潦草的笔记。

其实，烦恼与痛苦是每个人都会遇到的事情。有的人深陷其中而无法自拔，而有的人却能够坚强地走出来。事实上，当烦恼与痛苦找上自己的时候，你要想，它们并不是永恒的，它们终会过去的。

有憧憬，才光明

人生是一场旅行，只有懂得从失败中站起来，学会勇敢地对待路上的困难，心怀希望，憧憬美好明天，这样我们才会看到光明。我们的心灵始终是开阔的，我们的内心总有许多的梦想与希望，并渴望通过努力能够一一实现。因为这样你始终是个充满希望的人，一个幸福的人。

希望是所有内心最佳状态的先驱

心理学认为，希望是所有内心最佳状态的先驱，希望可以使人们在危难之时能够坚持下来。如果没有希望，恐惧、忧虑、丧气就会乘虚而入。希望是人的一种最深沉快乐的基础，这种快乐是从人们期望一项尚未实现的计划或目的中得来的。

从本质上说，希望是浪漫与现实的结合，现实是今天的生活，是人们一步一步走过来的，而浪漫是人们对明天生活的想象。在希望中生活让人们轻松而快乐，感到生活的安宁与幸福。

人生是一场旅行，带着希望出发，我们才会永远有动力、有目标。在追求的道路上，不是只有掌声和鲜花，还有挫折与泪水。不管在什么样的境遇下，我们保持着对未来的希望，那成功就将会属于你!

人生是一场旅行，带着希望出发，这是一种信念，是对人生最好的保障。在人生路上有希望的陪伴，有这样坚定的信念支撑，必定会到达人生的成功顶点。

人生是一场旅行，带着希望出发，这是一种态度，是对人生的尊重与爱护。希望是人们心中永不熄灭的一盏灯，无时无刻不照亮我们前方的道路，让人们更加明白自己的处境，也会更加努力地工作，创造人生的辉煌。

一路辛劳的人生旅途，最重要的不是财产，也不是地位，而是存在我们心底的意念，也就是我们所说的希望。一个不计较得失、只为了希望而生活的人，困难越多，他的生命也就越发光亮。不管在什么时候，都别忘了带着希望出发，这样，你的人生肯定会精彩纷呈!

女孩没有考上大学，熟人介绍去一所小学教书，可是她不小心把一道数学题讲错了，不到一个星期，就被轰下讲台。

回家了，她对自己说：满肚子的学问，有人可以倒得出来，有人倒不出来，对这个伤心实在没有必要，也许有更适合你的事等着你去做。

于是，女孩随着本村的一些小姐妹，外出打工了。因为剪裁衣服，她手脚太慢，质量也过不了关，别人都留下了，她被老板赶出了工厂。

回到家，她就想，手脚总有快有慢，别人干了很多年了，你一直在念书，肯定比不过人家的。不要紧，总有一份工作会适合你。

随后，她干过市场管理员，当过会计，做过文员，没有例外，都不称职。每次沮丧地回家，她从来没有绝望过。

30岁的时候，她凭着语言天赋，做了聋哑学校的辅导员。后来，她又开办了一家残障学校。再后来，她又在许多城市开办了残障人士用品连锁店，这时候的她，已经是一个拥有几千万资产的大老板了。

有一天，功成名就的她在面向公众演讲时，说出了自己的心声。

一块地，如果不适合种麦子，那就种豆子；豆子如果也长不好，那就种油菜吧；油菜如果也长不好，就种瓜果吧；瓜果也不行，那就撒上一些荞麦、高粱，或者别的什么，一定会开花结果的。只要是一块地，总有一粒种子适合它，也总会有属于它的一片收成啊！不管在什么时候都不要失去希望，让这块地荒废了。

说到这里的时候，她终于落泪。希望可以带来奇迹，可以让我们抵御生活中的灰暗。成功就是希望的这颗种子而生长出来的奇迹。

在当下的生活中，希望不是任何时候都在的，人们生活的脚步是匆忙甚至是急促的，来不及审视生活中是否有自己的希望所在，更来不及规划自己心中具体和长远的希望。当我们遭遇了悲伤、困境、失败的时候，往往会认为这一刻没有希望，生活就没有了希望，于是，开始在自我意识中否定生活，没有了生活的乐趣。这个时候，我们已经忘记了生活中除了有让人为之奋斗的现实生活，还有希望存在，希望是对明天的展望，我们如果看不到明天就不会对明天的生活有所希望。

如果把生活中内心黑暗的人比作是在低头赶路，那么浪漫的人就是在昂首阔步，现实生活中，我们都希望可以把二者融合在一起，在低头走路的时候，不忘了抬头看看远方的理想。

有了希望，我们就会对所有事物开放内心，会更加容忍生活中的种种磨难，消解生活中的磨难，不会为生活中遇到的困境而意志消沉。开放的心态是生活的高级心态之一，但它仅仅为在任何时间、对所有事物都保持开放态度的人表现。而且，只有那些保持开放心态的人才是真正幸福生活着的人。

幸福就掌握在你的手中

逆境是一把双刃剑，既能打击一个人，毁灭一个人，也能成就一个人。对于强者来说，逆境是上天给予的最宝贵财富，挫折是人生最好的课堂。只有能正确面对逆境与挫折才能使他们名耀千古。

没有人一生下来就是痛苦的，也没有谁会讨厌幸福，可是就有很多人觉得自己不幸福。幸福与否与个人的观念、心态有很大关系，还与周围的环境有很大关系。其实，幸福是由自己来掌控的。

在美国，有一位穷困潦倒的年轻人，他十分贫穷，即使身上全部的钱加起来都不够买一件像样的西服的时候，这位年轻人仍一心一意地坚持着心中的梦想。他想做演员，当歌剧明星，演唱歌剧。

当时，他怀着满满的信心去了纽约一家歌剧院面试。结果，却被对方无情地拒绝了。对方说，你根本不是当演员的料，歌剧与你无缘。

他没想到自己的梦想之路会以这样的方式起步。可是对于他来说，歌剧就是他的梦想，就是他的人生。他觉得自己不能这么放弃，自己要一个个地试下去，总有一家歌剧院能雇用他。

于是，他在本子上写好了歌剧院的名单、地址，按照顺序一个个地去拜访。他带着自己写好的、量身定做的剧本希望能得到对方的认可。可是还是没有一家剧院愿意要他。

其中有一个剧院的面试官甚至说，你不如回家去种地，你没有一点歌剧演员的气质。

尽管这样，这位年轻人并没有灰心，他没有被拒绝、讽刺、嘲笑所击倒，而是耐心地写下他们的意见，并对照自身，想着如何改进。

迫于生计，他成了餐馆的服务员。但他还没有忘记自己的梦想，想要的幸福。在工作之余，他认真地学表演，练习唱功。

一个很偶然的机会，他接到了一家歌剧院的面试通知，他知道自己的机会来了。等他到了那里才发现，面试官正是之前嘲笑过他的那位。

面试官看见年轻人后，正想说，算了吧，我们再找找别的人。不料，年轻人就表演起来。他的歌唱以及散发出来的气场让对方大吃一惊。面试官十分惊喜，并留下了他。

后来，这位歌剧演员在回顾自己这段经历的时候，不无感慨地说，所有人的批评甚至嘲笑都不能让我停下脚步，我有我想要的幸福，我想要的梦想。这些是不可剥夺的，正因为如此，才有了今天的我。

只有认识幸福，了解幸福，我们才能够得到幸福的人生。知道跌倒的时候，就要爬起来，知道任何一种磨炼都是通向幸福的宝贵经验。对伤害你的人，心怀感恩，不要恩怨相报，懂得以德报怨。

拥有，其实是另一种失去

在很多人的意识里，认为忙碌着就是在珍惜自己的人生。其实不然，珍惜生活的人是懂得留一些空间给自己的。

不要自己太忙碌，不要把自己装得太满

很多人把每天的日程安排得满满的，没有停留地奔波，哪怕再累，也都支撑着。而实际上，很多时候，盘旋在我们脑海里的种种功名利禄并没有让我们真正快乐起来，反而让我们的生活变得更加负重、更加被动、更加压抑。这样只会缩短生命旅程，使本可以为社会多做贡献的躯体提前衰老，使原本充满生气动力的生命机器也因过度损耗而处于瘫痪状态。

高速发展的现代化社会，我们忙得不愿再倾听亲朋好友的"啰唆"，不想再拿着电话与老同学回忆往事。还有时间陪着孩子郊游，还有心情伴着爱人散步吗？还想到电影院看部情感片，还愿意到图书馆翻本好小说吗？是否还愿意"停车坐爱枫林晚"，享

受"霜叶红于二月花"的浪漫？是否还有心情感觉"接天莲叶无穷碧，映日荷花别样红"的美妙？是否还记得"春色满园关不住，一枝红杏出墙来"曾经带给我们的兴奋？观赏着"明月松间照"的风景，感受着"清泉石上流"的意境？

书法上有一种技巧叫飞白，国画有一种讲究叫留白。不管是飞白还是留白，说白了就是要恰如其分地给有限的空间留些空隙。

从事建筑业的人都知道，在建筑物与建筑物之间，一定要留出空地或通道，如果缺少活动的空隙，即便是再精致的建筑，消费者也会望而却步。

木工师傅在铺设木地板或制作家具时，会特地在木板间留一条缝隙。乍看上去，让外行人觉得纳闷，将木板拼得天衣无缝，那才是既整齐又美观。其实不然，木板有热胀冷缩的特点，这样的缝隙是一定要留下的。此外园林艺术上的留白，空间的旷远和花草的疏朗，也是一种高明的手笔。

给生命留出些空隙吧，只有这样，人生就有了缓冲的余地，有了可收可放的活动空间，就可以随时随地调整自己的进退，同时就会滋生出无穷无尽的留恋和回味。

其实，"留白"不只是艺术和生活的境界，更应该成为生命的境界。

生命不能安排得太满，不能没有空白。生活不可填得满满当当的，倘若真成那样，那么人生将承受不可名状之重负和痛苦。

有这样一个人，他非常害怕死亡。

他心里想着：死亡是在前面呢，还是在后面呢？

他想到：人总是在往前跑的时候才死亡的，例如飞机失事、车祸丧生。所有的动物也都是在往前逃命的时候被捕杀的。从来没有动物是在后退时被捕获的，因此，死亡是从后面追赶的。

于是，他得到一个重要的结论：要避免被死亡追上的最好方法，就是走得更快速、更匆忙。

于是，他每天都行色匆匆，不论是吃饭、工作或走路，都比从前的自己快了三倍。

一天，他匆匆忙忙地赶路的时候，突然被一个白胡子的老人叫住。

老人问他说："你这么匆忙，是在追赶什么吗？"

他说："我不是在追赶，我是在逃开呀！"

"逃开什么呢？"老人问。

"逃开死亡！"

老人说："你是怎么知道死亡是在后面的？"

他说："因为所有的动物都是在往前逃命的时候被死亡追上的。"

老人哈哈大笑说："你错了！死亡不是在起点的时候开始追

赶你，而是在终点时等候的。不论你跑快或跑慢，最终都会到达终点。"

"你是怎么知道的?"

"因为我就是死神呀!"老人说。

那个人大惊失色地说："你现在就出现了，莫非我的死期到了?"

老人说："喔! 你不用害怕，你的死期还没有到，只是你一直跑得太快，我的兄弟活着一直在向我抱怨追不上你，如果你不和他会合，和死亡又有什么两样呢? 他特别请我通知你慢一些呀!"

"那我要怎么做才可以和活着会合呢?"

老人说："首先，你要站着不动，把心静下来，然后你要环顾四周，用心体会、用爱感觉、用所有的力量来品味，活着就会赶上你了。"

当他把心静下来的时候，老人说："你回头看看，我的兄弟来了。"

他一回头，老人不见了，与此同时，他看见了从来没有看见的、美丽的街景。

生活并不只是追赶财富、权力和容貌，更重要的是自己的感受，以及和周围人的相处。不要自己太忙碌，不要把自己装得太满，在平凡的日子里，珍惜周遭的人、事、物!

我们拥有得再多，却什么也带不走

人生是一场旅行，在这段旅途中，生和死分别是这段旅程的起点与终点。人生的路，重要的不是拥有什么，因为到了旅途的终点，什么也带不走。这一路上，重要的是经历、心境与感悟。

人们总是在抱怨获得太累，总是有说不完的愁苦忧烦。的确，因为无穷无尽的欲望总难以满足，失望与忧伤时常向我们袭来。为了生活得更加美好，许多人又不得不四处漂泊，流着汗默默辛苦地工作。尽管如此，困惑与烦恼依然与我们结伴同行。而通往幸福的道路更是扑朔迷离，我们在变幻莫测之中如果没有足够的聪明才智权衡利弊得失，就可能会在不经意中摔跟头。

人人都有自己的欲望，而欲望又是没有尽头的，俗话说："猛兽易伏，人心难降；溪壑易填，人心难满。"生活中因为欲望太多，不少人虽然每天食有鱼、穿名牌、住豪宅、行有车，但是依然体味不到生活的欢乐。而人生中的一些灾祸大多是由于不知足引起的，道家鼻祖老子在《道德经》中所言："甚爱必大费，多藏必厚亡。故知足不辱，知止不殆，可以长久。"

爱迪生在七十多岁的时候，一场大火把他几十年的财产包括房屋烧得一干二净什么也没有留下。他的儿子在失火的时候，四处寻找他的父亲，终于在不远处看到了爱迪生。火光映着爱迪生苍老的脸，他的白发和胡须在火光中随风飘动，他默默地注视着无情火苗吞噬着自己这么多年来的心血，他的儿子要把他拉开，爱迪生却对他儿子喊道："快去叫你母亲来观看这罕见的场面吧！恐怕她以后再也没机会见到这壮观的景象了，让我们的过失都被烧得一点不留吧！真好，让我们有了重新开始的机会。"一年之后，他的又一项重要发明留声机问世了。

失去的永远不会再回来，得到的也不可能永远是自己的，轻松快乐地生活，努力地为事业奋斗，何乐而不为呢？

有一位青年，总是抱怨自己时运不济，发不了财，终日愁眉不展。

这一天，走过来一个白发苍苍的老人，问："年轻人，你为什么不快乐呢？"

"我不明白，为什么我总是这么穷。"

"穷？你穷吗，明明你很富有嘛！"老人由衷地说。

"这从何说起呢？"年轻人问。

老人反问道："假如现在斩掉你一个手指头，给你 1000 元，你干不干？"

"不干。"年轻人回答。

"假如斩掉你一只手，给你 10000 元，你干不干？"

"不干。"

"假如使你双眼都瞎掉，给你 10 万元，你干不干？"

"不干。"

"假如让你马上变成一个 80 岁的老人，给你 100 万，你干不干？"

"不干。"

"假如让你马上去死，给你 1000 万，你干不干？"

"不干。"

"这不就对了，你已经拥有超过 1000 万的财富，为什么还哀叹自己贫穷呢？"

青年愕然无言，这一刻他什么都明白了。

亲爱的朋友，如果你在早上醒来发现自己还能自由呼吸，你就比在这个星期中离开人世的人更有福气。如果你从来没有经历过战争的危险、被囚禁的孤寂、受折磨的痛苦和忍饥挨饿的难受……是的，想想这些，你就是幸福的人，你还拥有很多，还有什么想不开的呢？

时刻准备"重新起航"

人生是一场旅行，是一条看不到尽头的路，把命运掌握在自己的手中，艰难的人生旅途中就会充满希望和成功。命运不济的时候请不要抱怨，要知道命运这副牌还在你的手中，要靠自己的努力去赢得好结果。相信自己选择的路并一直走下去，因为只有这样才能见到最好的结果。

昨天是失去的今天，明天是未来的今天

今天，才是我们真实地拥有着的。那些成功人士的实例证明，只有把握好今天，才能走出昨天，开创明天。我们的每一个今天都是崭新的。

有这样的一个说法，当你在倾听别人说话的时候，只要稍加辨别他们所使用的语言，就能对说话的人了解个大概。比如那些经常提到他们曾经做过的事情，和他们过去曾经如何的人，这种人肯定是活在过去的荣耀里。可见他不是具有做事导向的人，他

们都是过去式的英雄。

每个人都可以选择自己的心理状态，你可以选择处在无法挽回的过去中，或者是处在满怀希望与憧憬美好的未来之中。这是你在人生中要经历的必答题，你所做出的这一选择，将会进一步影响到你的人格、你的做事风格以及其他方面。

有一位农民，一年四季都住在漆黑的窑洞里面，每顿饭吃的都是玉米、土豆，家里最值钱的东西就是一个盛面的柜子。可他整天无忧无虑，早上唱着山歌去干活，太阳落山又唱着山歌走回家。大家都不明白，他整天有什么好高兴的？

他说："我渴了有水喝，饿了有饭吃，夏天住在窑洞里不用电扇，冬天热乎乎的炕头胜过暖气，日子已经无比幸福了！难道不值得高兴吗？"

其实，有很多的人所拥有的远远地超过了这位农民，可是，人们很难注意到自己所拥有的东西，而更多的是关注与渴望一些自己还不曾到手的东西或者忧虑未知的未来。

也许你的配偶并不出众，但他（她）能与你相亲相爱，白头到老；也许你的收入并不高，但粗茶淡饭可以填饱肚子已经很不错了，绝无那些富贵病的缠扰；也许你的孩子虽然没有考上大学，但他（她）却懂得孝敬父母，知道自力更生……

每个人都在寻求着自己所谓的幸福，而其实幸福原本就在我们的身边。只是由于人们过于追求物质上的富裕，太追求一种形式化的生活，而将"真正的幸福"给忽略了。

欧洲某个国家有一位著名的女高音歌唱家，年仅 30 多岁的她就已经红得发紫，誉满全球，而且郎君如意，家庭美满。

一次她到邻国开独唱音乐会，入场券早在一年以前就被抢购一空，当晚的演出受到极为热烈的欢迎。演出结束后，她和丈夫、儿子从剧场里走出来的时候，一下子被早已等在那里的观众团团围住。人们七嘴八舌地与歌唱家攀谈着，其中不乏赞美和羡慕之词。

有的人称赞歌唱家有个腰缠万贯的某大公司老板做丈夫，有的人称赞歌唱家大学刚刚毕业就开始走红并进入了国家级的歌剧院，成为扮演主要角色的演员，有的人称赞她膝下已经有个活泼可爱、脸上总带着微笑的小男孩……

在人们议论的时候，歌唱家默默地听着。等人们把话说完以后，她才缓缓地说："首先我非常感谢大家对我和我的家人的赞美，我希望在这些方面能够和你们共享快乐。但是，你们看到的只是一个方面，另一面你们还没有看到，那就是你们所夸奖的这位活泼可爱、脸上总带着微笑的小男孩，不幸的是他是一个不会说话的哑巴。此外，在我的家里他还有一个姐姐，是需要长年关在装有铁窗房间里的精神分裂症患者。"

歌唱家的话使在场的人们震惊得说不出话来，大家都很难接受这样的事实。

这时，歌唱家又心平气和地对人们说："这一切说明什么呢？恐怕只能说明一个道理：那就是上天给谁的都不会太多，而只有今天是你可以把握的。"

抓住今天，因为一个今天胜过无数个明天。请不要继续活在过去的荣耀中，当然也不要活在对未来的等待中。

人生只出售单程车票。生命的列车一旦启动，就会朝着一个方向一直前行，绝没有掉头的可能，我们每一个乘坐这辆列车的人，都应该好好考虑下这个问题：假如你的生命只剩下最后一天。

对于今天，心存这样的信念：

就在今天，我要锻炼好身体；

就在今天，我要开始工作；

就在今天，我要强大内心；

就在今天，我要克服恐惧和忧虑；

就在今天，我要拟定目标和计划；

就在今天，我要走向成功和卓越；

就在今天，请写下你今日必须完成之事……

将命运之牌掌握在自己手里

每个人都有自己不同的人生与经历，不同的地位与身世。比如有的人出身富贵，有的人生来清贫，有的人收入不高，有的人家境艰辛，有的人婚姻不称心，有的人工作不如意，等等。这一切好像是老天安排好的一样，注定一些人要去经历磨难，有些人历尽艰辛，有些人苍凉饥寒。就像手中拿到的一副坏牌，让你百般无奈。可是你必须用手中的牌玩下去，玩牌的是自己，如果玩得好，即使有一副坏牌在手，你也有可能反败为胜。尽管每个人生下来的生活条件不一样，但是你可以去改变。

自己才是命运真正的主宰。别人只是暂时帮助你的人，你的所有问题不可能都要别人帮助，何况人家也没那个工夫。所以我们要时刻充实自己的力量，自己才能主宰自己。

艾森豪威尔在年轻的时候，有一次和家人玩牌，连续好几次他都拿到很糟糕的牌，所以情绪非常不好，态度也恶劣起来。他母亲见状说了段令他刻骨铭心的话："你必须用手中的牌玩下去。就好比人生，发牌的是上天，不管是怎样的牌，你都必须拿着，你所做的就是尽你的全力，求得最好的结果。"

我们不要再去抱怨命运的不幸了，因为这样对今后的路于事无补。人生是一场旅行，好在人生的过程却掌握在自己手中，适时地调整与适应，才是首先要做的。

俄罗斯有一个农夫，有一天在田间耕作，牲畜突然受惊，拖犁狂奔，他被尖锐的犁铧截断上肢，疼痛使他几度昏迷。醒来之后，他开始向周围求救。可茫茫荒野，罕有人迹，如果再等下去，他必死无疑。于是，他咬紧牙关，自己包扎伤口，然后跌跌撞撞地来到一家诊所。医生说，你要是自己不救自己，早就没命了。

人生是一场旅行，不要被一些无法改变的东西压垮，有了积极向上的心态，那么，当你看到一些障碍时，就能联想到心中的愿望，然后用心地去做，去改变它。

人生是一场旅行，在旅行的过程中，遇到挫折是难免的，对于挫折中的人，命运会赐予他一件最妙的补偿，那就是从哪里跌倒就从哪里爬起来，带着现实的态度，以稳健的步伐走下去，履行自己的人生、自己的旅程，实现自身的价值。也正是在这个时候，生命的好处，就像春天吐芽一般，才会一点一点地显露出来。